SHANXI SHENG
KEJI JIHUA

李巍 ◆ 编著

GUANLI GAIGE TANSUO YU SHIJIAN

山西省科技计划（专项、基金等）

ZHUANXIANG JIJIN DENG

管理改革探索与实践

山西出版传媒集团
山西经济出版社

顾　　问：

张浩林　肖永红　吕晋杰　王　伟　王元笪

特约编辑：

张　纯　孙　波

基金名称：

山西省软科学研究计划（重点）项目

项目名称：

山西省科技计划（专项、基金等）
管理体系建设研究

项目编号：

2016042003-1

序

"彻底改变政出多门、九龙治水的格局，统筹科技资源，建立公开统一的科技管理平台，构建总体布局合理、功能定位清晰、具有中国特色的科技计划体系和管理制度。政府部门主要负责科技计划（专项、基金等）的宏观管理，不再直接具体管理项目……"这是习近平总书记在 2014 年 9 月 29 日主持召开中央全面深化改革领导小组第五次会议时，对中央财政科技计划管理改革提出的明确要求。之后不久，12 月 3 日，国务院印发《关于深化中央财政科技计划（专项、基金等）管理改革的方案》，拉开了党的十八大以来全面深化改革背景下中央和地方财政科技计划管理改革的序幕。

2015 年 1 月，山西省委、省政府主要领导分别做出批示，要求抓紧提出山西科技计划管理改革方案。为此，山西省科技厅联合省财政厅、省发改委，聚焦省级财政科技计划、专项、基金等管理的现实问题和需求，借鉴中央及先进省市财政科技计划的管理实践和改革思路，数易其稿，起草完成了《山西省深化省级财政科技计划（专项、基金等）管理改革方案》，并经省政府〔2015〕第 92 次常务会议审议通过，于 8 月 24 日印发实施。接着，按照"制度设计、试点运行、全面推行"的总体部署，组织实施了山西省科技计划（专项、基金等）管理改革。通过 3 年的改革创新、探索实践，搭建了公开、统一、透明的科技计划管理平台，形成了省级层面科技创新协调、开放的新格局；构建了总体布局合理、功能定位清晰的 5 大类科技计划（专项、基金等）体系，解决了科技资源配置碎片化、不聚焦等突出问题；健全了与科技计划管理相配套的、完整的制度体系，解决了依规高效运行的问题，实现了项目管理与资金管理"双重突破"；建立了重大、重点科技项目凝练产生与招标立项的新机制，促进了科技与经济相脱节难点问题的解决；组建了项目管理专业机构，实现了政府部门科技管理职能转变，推动科技管理逐步从研发管理向创新服务转变。

回顾山西省科技计划（专项、基金等）管理改革历程，凝聚着广大科技管理工作者不断探索实践的智慧和辛勤努力的汗水。李巍同志作为改革过程制度设计的主要执笔者，是此次改革的参与者、推动者、见证者，为全面梳理、深入总结改革举措和实践成果，编著了《山西省科技计划（专项、基金等）管理改革探索与实践》一书。全书共有 5 章、20 个附录。在介绍发达国家科技计划管理主要模式、我国及先进省市科技计划管理发展历程、主要做法和改革思路的基础上，分析了山西省省级财政科技计划管理的现状，从统筹决策、咨询论证、组织管理、监督评估等方面，介绍了新搭建的科技计划管理平台的运行机制，阐述了新构建的 5 大类科技计划的设立宗旨及管理模式，梳理了新组建的科技计划项目管理专业机构实证建设的主要做法及成效，提出了进一步深化科技计划管理改革的意见建议。附录部分汇总整理了改革历程中制定出台的一系列制度文件，包括意见、方案、办法、细则等，共 20 项。

山西省科技计划（专项、基金等）管理改革意义重大、影响深远。本书用纪实的写法，详细阐述了此次改革的时代背景、目的意义、实施历程和实践成效，系统、全面地原文展示了改革取得的一系列制度性成果，希望能够为当前和今后山西省乃至全国科技计划（专项、基金等）管理提供科学依据和决策参考。希望改革后的科技计划（专项、基金等）

能够为山西省建设资源型经济转型发展示范区、打造能源革命排头兵、构建内陆地区对外开放新高地，发挥更加有力的支撑和引领作用。

2018 年 10 月

自序

2004 年 10 月，尚未走出大学校门的我，有幸进入山西省科学技术情报研究所研究室进行社会实践，遇到了步入社会的启蒙老师张瑞芬。在她的带领下，我接触的第一项工作是协助山西省科学技术厅原农村与社会发展处完成 2005 年山西省科技攻关计划（农业与社会发展）项目评审。之后，协助完成山西省科技攻关计划（农业与社会发展）、山西省星火计划、山西省国家农业科技成果转化资金等项目管理，成为我的主要工作之一，一直延续到我调离省科技情报所时，为我之后参与山西省科技计划（专项、基金等）管理改革积累了一定的实践经验。

2005 年 7 月，走出大学校门后，我继续在省科技情报所进行社会实践。2006 年 12 月，作为一名幸运儿，我进入省科技情报所研究中心工作，开启了人生的第一段工作历程。回想那段经历，我从研究实习员开始，一直到副研究员，还兼任了研究中心副主任。这期间，开展科技战略与政策研究、科技情报与咨询服务，成为我的另一项主要工作。特别是 2010—2012 年，在董建忠老师的带领下，全程参与了《山西省科技发展"十二五"规划》（晋发改规划发〔2013〕941 号）的研究编制；2013—2014 年，在蔡颖鑫老师的带领下，作为骨干成员参与了《国家创新驱动发展战略山西行动计划（2014—2020 年）》（晋政发〔2014〕6 号）的研究制定。这些工作经历，为我之后参与山西省科技计划（专项、基金等）管理改革的制度设计储备了一定的政策知识，练就了基本的文字功底。

2014 年底，国家在科技体制机制改革方面出台了一系列重大政策，特别是国务院印发了《关于深化中央财政科技计划（专项、基金等）管理改革的方案》，指明了中央和地方财政科技计划管理改革的方向、路径和要求。2015 年 8 月，省科技厅联合省财政厅、省发改委，编制完成了《山西省深化省级财政科技计划（专项、基金等）管理改革方案》（晋政发〔2015〕35 号），启动了山西省科技计划（专项、基金等）管理改革，历时 3 年顺利完成。回顾整个改革历程，我作为制度设计的主要执笔者有幸参与其中，在省科技厅时任主要领导的带领下，由张浩林、肖永红直接领导，与吕晋杰、王伟、姜伟琪、李翔宇等一起，做了大量探索性、实践性的工作。

2015 年，是改革的第一阶段，重点是建章立制。9—11 月，连续 3 个月，是攻坚期。我们基本上是一个工作模式。8 点以前，打印当天要汇报、讨论的制度文稿。9—11 点，会议汇报、讨论。11—12 点，个别交流、讨论。下午开始，直到第二天凌晨两三点，落实当天会议形成的决策意见，修改完善制度文稿，以供第二天上午继续研讨。这样的工作模式，一周有 4 天，一月有 3 周。回想那 100 天，高强度、高效率、高质量，我们先后从统筹决策、咨询论证、组织实施、监督评估、经费管理等方面，提出方案、制度、办法、细则等 17 项。经省政府审定印发 12 项，省科技计划（专项、基金等）管理厅际联席会议审定印发 5 项，构建形成了山西省科技计划（专项、基金等）管理的制度体系。

2016 年，改革进入第二阶段，重点是组建项目管理专业机构，承接山西省科技计划（专项、基金等）项目管理，完成试点运行。这一年，我离开了工作 12 年的省科技情报所，调入山西省产业技术发展研究中心任职，协助王元笪筹建项目管理专业机构。经过 8 个月的努力，省产研中心通过了山西省科技计划（专项、基金等）项目管理专业机构首批认定，承接了山西省平台基地和人才专项管理，取得了项目管理专业机构建设及专业化管理科技计划项目的实践成果。

2017年，改革进入第三阶段，重点是深化运用、全面推行。这一年，山西省科技计划（专项、基金等）管理厅际联席会议稳定运行，战略咨询与综合评审委员会及8个行业（领域）专家组全面履职，6个项目管理专业机构进入角色，5大类科技计划涌现了一批重大创新成果，建设了一批重点创新载体，聚集了一批优秀科技人才，改革探索的实践成效初步显现。这一年，我迈入了人生的第二段工作历程。再次成为一名幸运儿，离开了工作13年的科技系统，调入山西转型综合改革示范区工作。工作之余，我时常回想起参与科技计划管理改革的那段经历，萌生了编著《山西省科技计划（专项、基金等）管理改革探索与实践》一书的想法。一方面，作为改革的参与者、推动者，可以认真梳理、深入总结此次改革的探索实践，为当前和今后科技计划的管理与改革提供全面的文献支撑和重要的决策依据；另一方面，作为项目负责人，主持完成了山西省软科学研究计划重点项目《山西省科技计划（专项、基金等）管理体系建设研究》，可以更好地展示项目研究的主要成果，也以此献给从事科技研究、科技管理、科技服务十多年的自己。

2018年"五一"之后，我利用工作之余开始编撰本书，历时半年完成。全书共有5章、20个附录，大致可分为5个部分。第一部分，入题。介绍了什么是科技计划，科技计划管理包括哪些内容，简述了改革之前科技计划管理的现状及存在的问题，引出了此次科技计划管理改革。第二部分，借鉴。阐述了发达国家科技计划管理的主要特点及新动向，介绍了日本、法国科技计划管理的主要模式。分析了我国科技计划管理的发展历程、设立宗旨及管理模式，介绍了广东、浙江、重庆科技计划管理的主要做法及改革思路。第三部分，重点。这是本书的核心内容，反映此次改革的实施背景、探索举措和实践成效。在分析山西省省级财政科技计划管理现状的基础上，阐述了科技计划组织管理运行的新机制、5大类科技计划体系的新模式，介绍了科技计划项目管理专业机构实证建设的主要做法及成效。第四部分，深化。立足改革实践的成效，直面客观存在的问题和不足，提出了进一步深化改革的新思路和新举措。第五部分，附录。本着"应收尽收、能收则收"的总体思路，力求全面、系统、完整地收集此次改革历程中制定出台的一系列制度文件，形成综合性文献资料，为当前和今后山西省乃至全国科技计划的管理及改革提供重要支撑。累计汇总、整理与科技计划管理有关的制度文件20项，涵盖了改革部署、统筹决策、咨询论证、组织实施、经费管理等方方面面。

本书编撰过程中黄桂英、王琳提供了宝贵资料，董建忠、张琼琼提出了诸多建议，在此对他（她）们表示诚挚的感谢。此外，还参考了相关文献，由于篇幅有限，未能一一列出，在此一并致谢。

鉴于本人水平和眼界有限，书中难免有不足和疏漏之处，恳请广大读者和研究工作者不吝赐教，批评指正。

谨以为序。

李　巍

2018 年 10 月

目　录

引　言

　　科技计划是实施科技创新战略和实现国家或区域战略目标的重要工具，是政府有目标、有步骤、有组织、有措施地在行政管辖范围内开展科学技术研发活动的基本组织形式，是政府执行科技政策的基本工具，是体现政府意志、弥补市场不足、实现科技资源合理配置的重要手段。科技计划可以遵循不同的原则进行划分。按照地域或行政区域管辖来进行划分，可分为国家科技计划和地方科技计划。按照政府部门的管辖来进行划分，可分为科技主管部门管理的各类科技计划和各行业系统管理的与科学技术有关的各类计划。还可以按照体系结构来划分，可分为主体科技计划、科研条件建设计划及科技产业化发展环境建设计划等。

　　科技计划管理是科技管理的重要组成部分，它指的是为有效地实现科技工作既定目标和任务而建立起来的一套领导决策、管理、保证、反馈、监督等活动的组织建制和工作体系。我国的科技计划管理以科技计划项目管理为主。科技计划项目构成了科技计划实施的载体，是组织和实施科技计划的重要形式，它的管理效率、实施效果，直接关系到科技计划在合理配置科技资源，支持科技进步与经济增长，满足地方经济发展等多方面作用的有效发挥。

　　科技计划项目的组织建设由以政府、企业、大学、科研机构、金融组织和中介机构等行为主体为代表的各利益相关方所组成的组织体系来完成，它们之间相互影响、相互制约，这些关系包括了法律条文在内的各类强制性保障措施。

科技计划项目管理的全过程主要包括项目规划、项目立项、项目执行、项目验收和成果转化以及基于预防和驱动的监控评估机制六个方面。除监控评估机制之外的其他五个方面按照时间顺序纵向排列，每一个方面的顺利进行都是进行下面一个步骤的基础。其中项目规划指的是进行调查研究也就是战略规划过程。通过项目规划来确定研究方向。之后进行项目立项。项目立项包含三个方面的内容，一是发布项目指南，二是进行项目评审，三是进行项目立项。立项完成之后进入项目执行的过程，这是一个持续时间非常长的阶段，中期管理尤为重要。项目执行完毕后进入项目验收阶段，这时候需要有关人员对项目的执行情况按照有关文件进行严格的科学验收。伴随项目验收完毕之后的是成果转化过程，在项目执行过程中所产生的科技成果需要进行成果推广而应用到各项社会工程中，以此来促进经济社会的发展。而基于预防和驱动的监控评估机制，又称为绩效评价机制作为外围时时贯穿在整个项目执行过程中，对科技计划项目的执行情况不断进行反馈并以此来指导科技计划的整体运行。在这一完整的过程中，作为行为主体的政府、企业、大学、科研机构、金融组织和中介机构，在根据评估进行科技计划管理配置人、财、物科技资源的同时，也相互作用，相互联系。它们之间的关系也会影响到科技计划的顺利进行（图1）。

近年来，随着科技重要作用的不断提升，各国政府相继把工作重心转移到提高本国科技发展水平上，不断加大科技投入力度。尤其随着经济全球化、区域一体化的进展，各国政府在不断增强本国科研能力的同时，纷纷加入国际化的科技竞争中来。不少国家均根据其战略重点和需求来设立和组织实施各类科技计划，利用自己的科研资源优势在他国设立研发机构，以争取人才、技术及市场。国际科技竞争进一步加剧。面对这样的形势，如何最大限度地发挥政府科技投入的引导作用，如何使政府投入、企业投入、社会投入产生更大的经济和社会效益，如何使科技计划管理更加符合市场经济的发展规律，适应政府依法行政、廉洁高效的工作要求等，这一系列问题都把科技计划管理工作推上了重要议程。

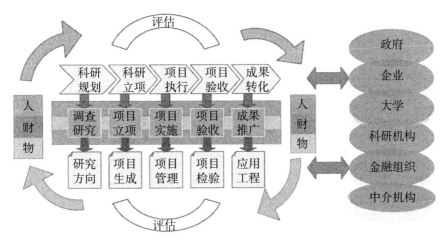

图 1　科技计划管理全过程

新中国成立后，"六五"时期我国就设立了第一个国家科技计划——"六五"科技攻关计划。改革开放以来，相继设立了星火计划、国家自然科学基金、863 计划、火炬计划、973 计划、行业科研专项等。山西省与全国其他省市一样，结合省情也相继设立了省科技攻关计划、自然科学基金、火炬计划、星火计划、成果转化计划等。这些计划的设立和实施凝聚了几代科技管理工作者的远见卓识以及各个时期科研工作者的智慧和心血。事实证明，这些科技计划不负使命，取得了一大批重大科研成果，培养和凝聚了一大批高水平创新人才和团队，解决了一大批制约经济和社会发展的技术瓶颈问题，全面提升了科技创新整体实力。

但同时也要清醒地看到，由于各科技计划、专项、基金等在不同时期分别设立，且越设越多，缺乏顶层设计和统筹考虑，其产出与经济社会发展的要求相比还远远不够，很多重要领域都亟须真正具有标志性、带动性，能够解决制约发展"卡脖子"问题的重大科学技术突破。产生这种差距的根源之一是管理体制，现行的科技计划体系庞杂、相互交叉、不断扩张，管理部门众多，各管一块、各管一段，项目安排追求"大而全""小而全"，造成科技资源配置分散、计划目标发散、创新链条脱节，概括起来就是科技计划碎片化，科研项目取向聚焦不够。这些问题既是国家层面科技计划的问题，也是地方科技计划普遍存在的共性问题。解决这些问题对当前实施好创新驱动发展战略，发挥好科技对经济社会发展支撑引领作用十分重要。

鉴于此，2014年12月，国务院印发《关于深化中央财政科技计划（专项、基金等）管理改革的方案》，全面推进中央财政科技计划管理改革。各级地方政府在深入贯彻中央财政科技计划管理改革精神的同时，不断加深科研管理机制和模式的研究，结合自身实际积极推进省级财政科技计划管理改革。山西省科技计划（专项、基金等）管理改革起步早，推进快，从搭建新的科技计划管理架构、五大类科技计划体系、科技计划管理制度体系、重大和重点科技项目产生与立项机制，以及培育组建项目管理专业机构，搭建统一的科技管理信息平台等各个方面全面推进，使得科技计划管理工作更好地适应新形势、新任务的需要，进而为促进经济社会发展起到了重要的支撑引领作用。

1 发达国家科技计划（专项、基金等）管理概述

1.1 主要特点

1.1.1 科技计划设立模式

根据国家战略需求或最新形势趋势，政府相关部门（或者委托相关研究机构）提出设立科技计划的重要性和必要性，并向政府科技最高决策机构提交。决策机构经过科学、充分的论证，来决定是否设立新的计划。如果确定设立新计划，则以文件的方式规定计划的目标、经费的使用范围和期限，该文件具有很高的权威性和阶段性。

如美国国家纳米技术计划（NNI）就是在专家充分调研后再提交国会后设立的。1999年，美国国家科学基金会资深顾问米哈伊尔·洛克向白宫科技政策办公室提交了一份报告，提出国家纳米技术计划的雏形。8月，美国国家科学技术委员会（NSTC）拟定出《国家纳米技术计划：引发下一次产业革命》，并提交国会。国会经过审议后批准了该计划，并批准于2001年将4.95亿美元用于资助该计划。2003年，美国通过了《21世纪纳米技术研究开发法案》，将对国家纳米计划的资助等活动正式纳入美国的法律体系。此法案不仅规定了国家纳米技术计划的内容，而且对相关管理机构也进行了规定。再如欧盟先前的框架计划及现在的"地平线2020"的设立和决策也均有一套专门规范的程序。由欧盟委员会提出计划方案，并经欧盟理事会和欧洲议会批准，通过立法或制度化的形式确立，规定计划的目标、组成、经费规模、经费的

使用范围和期限、质量控制、监管和评估等事宜。

主要发达国家政府通常会对科技计划进行绩效评估，评估结果往往会作为未来科技计划经费预算和管理的重要依据。美国预算管理办公室于 2002 年推出了计划评估等级工具（PART），每年会在各个机构中抽取 20% 的联邦计划接受绩效评估，以便对各政府部门所资助的计划进行系统、透明的评价，从而将计划的绩效信息与预算结果更为紧密地联系起来，以增强支出概算审核过程的客观性和科学性。韩国科技计划的评估主要依据 2005 年颁布的《国家研发计划绩效评估与管理法》来进行。重大科技计划（需要长期注入大笔预算的计划，需要跨部门、跨计划协调的计划，涉及国家重要社会经济问题的计划等）的评估由未来创造科学部负责，每年会进行 10—20 次集中评估，用于计划改进和预算拨款，或据此做出重大决策，比如取消或重新调整计划。

1.1.2 科技计划覆盖范围

从科研活动的性质看，各国科技计划主要覆盖于科学发现（基础研究和应用研究）和技术创新阶段，前商业化和商业化阶段的开发工作主要由企业完成。以美国为例，其国家科学基金会（NSF）、国防部（DOD）、能源部（DOE）、国立健康研究院（NIH）等部门主要侧重于科学发展和发明，资金来源主要来自联邦政府。中小企业技术创新计划（SBIR）主要侧重于技术创新，该计划分三期实施。第一期属于启动阶段，第二期属于研发阶段，第三期为研究成果商品化阶段，SBIR 计划在第三阶段不提供任何经费支持。技术创新计划介于两者之间，处于基础研究的后端以及整个面向应用的技术创新阶段，资金同时来自联邦政府和企业、大学，以及风险投资等多种来源，该计划主要致力于面向应用的技术创新项目（图 2）。

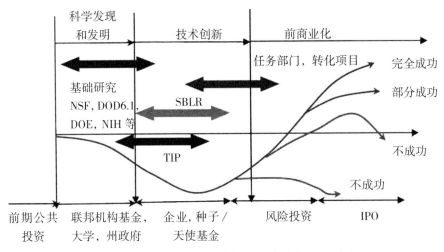

图 2　美国科技计划与创新链及资金来源的关系

1.1.3　科技计划资金管理

国家科技计划的年度预算不是固定的，一般会根据国内外形势的变化、计划评估结果以及政府财政预算的增减而进行调整。以美国国家纳米技术计划为例，该计划 2001 年的经费预算为 4.95 亿美元。2005 年总统科技顾问委员会对其进行了评估，认为该计划对于促进美国科技发展发挥了重要作用，同时纳米技术的重要性日渐被国际社会所认识，日本、欧盟等加大了对纳米技术和材料研究的支持力度，且当时美国的经济情况也非常良好。在此背景下，该计划 2005 年的预算增加到 12 亿美元，2008 年预算增加到 14.45 亿美元（2008 年的预算是在 2007 年提出的。当时，金融危机带来的财政资金紧张尚未显现）。2008 年之后，美国金融危机给联邦财政预算带来了巨大压力，该计划的经费增长幅度不大，2014 年为 15.74 亿美元，2016 年不足 15 亿美元。

针对不同的项目承担主体，科技计划对其资助比例不同。针对承担基础研究的高校和科研机构来说，政府一般给全额资助；针对承担高技术、产业技术或者重大专项项目的企业来说，政府一般只给予部分资助；其他部分的资金则需要企业自行负担。美国技术创新计划规定，其对于承担机构（企业或者企业与高校和科研机构的联盟）的资助总额最多不超过项目总投入的 50%。

另外，发达国家积极鼓励企业投资，其科技计划项目管理在立项时就注重吸引社会资金，一方面可以减轻政府财政投资风险，另一方面通过鼓励企业投资，使得企业占据 R&D 投入的绝对份额，注重对项目进行立项研究，从而更强调消化、吸收，强调工艺创新和新产品开发，满足市场用户的需要，有利于科技成果通过企业转化。

2001 年，在 R&D 投资主体上，发达国家的政府与企业约各占一半的份额。近年来，发达国家调整投资结构，大力鼓励企业投资，政府投入（主要用于研究与开发机构及高等学校）比例下降。发达国家鼓励企业投资的办法包括提供优惠政策并建立相应的投资保障体系。美国通过多渠道吸引资金投入，如制定《风险资本改进法》《小企业投资激励法》《投资顾问法》等政策法规，放松了对私募投资基金的限制，建立了风险投资机制，鼓励企业增加研发投入，并通过公众风险投资市场，发行科技股票和债券，动员大量社会资金投入高新技术领域。此外，为鼓励企业投入科技项目研究，增强企业创新能力，美国政府对企业 R&D 投资给予了永久性税额减免的优惠待遇，并把小企业的先进技术长期投资收益税降低 50%。法国政府于 1983 年制定"技术开发资金税收优惠"制度，规定凡是 R&D 投资比上年增加的企业，经审批可免缴相当于 R&D 投资增加额 25% 的企业所得税。1985 年之后这一比例又提高到 50%，减免最高限额由 300 万法郎提高至 500 万法郎。英国为引导中小企业投资高新技术，政府对创办小企业者可免税，对新创办小企业免征一定的资本税。

发达国家还建立了一定的保障体制来促进企业投资。以经济体制为例，美国政府认为，美国技术创新的源泉是联邦（及地方）政府、大学和企业三位一体的研究与开发体系，该体系构建了美国过去、现在和未来竞争优势的根本所在。1986年，美国颁布《联邦技术转移条例》，建立了一个联邦实验室与私营企业合作的框架，推动联邦政府资助的技术转入私营企业进行商业化开发。1993年，美国政府开始实施永久扩大研究与试验税款减免。这些努力得到较大的回报，1992—1994年间，产业部门获得的联邦专利数量几乎翻了一番。

1.1.4 科技计划绩效评估

主要发达国家政府通常会对科技计划进行绩效评估，评估结果往往会作为未来科技计划经费预算和管理的重要依据。美国预算管理办公室2002年推出了计划评估等级工具，韩国科技计划的评估主要依据是2005年颁布的《国家研发计划绩效评估与管理法》。

科技计划的评估标准主要包括计划目标适当性、计划管理体系质量、计划执行完成情况等。以韩国科技计划管理为例，其科技计划的评估标准主要包括六方面：一是计划目标和内容的有效性，二是计划的管理效率（比如计划是否有效实施，计划预算是否得到有效利用和分配），三是计划成果的有效性（比如计划是否实现主要目标，取得哪些科技成就，计划培养研发人力资源的效率如何，计划建立研发基础设施的效率如何，计划能否提高国家产业竞争力，计划是否有助于促进公共福利），四是计划必要性（比如计划最好由私营部门开展还是需要政府支持，计划是否符合政府战略科技政策），五是计划实用性（比如支持计划能产生哪些直接利益，计划带来的技术进步具有何种影响），六是预算规模适当性（比如计划预算是否合理，是否有必要降低或提高计划预算）。

科技计划项目的组织实施是一项专业性很强的工作，很多国家均由专业机构来专门负责此项工作。为确保工作的独立性、客观性和中立性，专业机构一般不属于政府部门，而是独立的法人机构。在负责基础研究计划组织实施的专业机构中，美国国家科学基金会属于独立的政府资助机构，负责美国基础研究基金项目的组织实施。其采取的以同行评议为主的科研基金项目管理模式，已成为世界基础研究基金管理的典范。英国基础研究计划的管理主要由英国研究理事会和高等教育拨款委员会负责，它们属于非政府部门的公共机构，接受政府商业创新与技能部的指导，但又与之保持一定距离，独立开展工作。日本基础研究计划的管理主要由日本学术振兴会（JSPS）负责，隶属于文部科学省。韩国的基础研究主要由国家研究基金会负责组织管理，该机构是由原韩国科学财团、韩国学术振兴财团、国际科学技术合作财团合并而来，其活动和运营具有独立性和自由性，属于受未来创造科学部管理的准政府机构。在负责应用研究和产业技术研究类科技计划组织实施的专业机构中，美国国防高级研究计划署是美国政府国防领域最重要也是最负有盛名的前沿技术资助机构。该机构以其独特的围绕项目经理的管理方式，为推动美国成为国防高技术领域世界头号强国做出了巨大的贡献。美国能源部仿照国防高级研究计划署成立了先进能源研究计划署，支持先进能源的相关研究。英国 2007 年成立了专门针对创新管理的资助机构——技术战略委员会（现在更名为英国创新署），主要投资高技术产品和服务研发，刺激和支持商业导向的创新。技术战略委员会为独立于政府、由企业领导的非政府部门公共行政机构，由商务、创新和技能部（BIS）发起并资助。日本的产业技术研究主要由综合开发机构（NEDO）负责组织管理，该机构属于独立行政法人，隶属于经济产业省。韩国产业技术计划的组织实施主要由韩国产业技术评估院负责，隶属于韩国贸易、工业和能源部。

1.2 新动向

1.2.1 设立重大科技专项

近年来，世界科技日新月异，新一轮科技革命和产业变革正在孕育兴起。为抓住机遇，各国政府除了继续执行以往的科技计划外，还设立了一些重大科技专项，以通过科技进步来打造新兴产业，抢占未来制高点。

大数据计划。随着全球数据量的几何级数增长和数据处理工具的日益强大，大数据中蕴含的价值日益重要，数据被当成 21 世纪的战略资源，对数据的占有和控制将成为继陆权、海权、空权之外的另一个国家核心资产。在此背景下，美国 2013 年启动了大数据研究和发展计划，投入 2 亿美元开展大数据研究，提高从大量数字数据中访问、组织、收集发现信息的工具的技术水平。德国 2014 年出台的《高技术战略》高度重视大数据的研发工作，提出要启动智能数据项目，启动可信云计算计划，制定智能网络综合战略等。日本信息通信技术研发项目中涉及网络和大数据技术，财政投入超过 40 亿日元。

人脑计划。人脑是人体最为复杂的器官，控制着人的思想和行动。针对人脑开展研究不仅有助于找到脑部疾病新疗法，也有助于发展模拟人脑的新型计算技术。2013 年初，欧盟将人脑项目选定为未来新兴技术旗舰项目之一，计划在 10 年内耗资 10 亿欧元，创建一个信息通信技术平台集成系统，包括神经信息学平台、脑模拟平台、高性能计算平台、医学信息学平台、神经形态计算平台以及神经机器人平台，认识、诊断和治疗脑部疾病，并开发未来计算技术。美国也在 2013 年宣布启动人脑计划，10 年计划投资数十亿美元。该计划将通过推进创新的神经技术开展脑研究，加速新技术开发和应用。

精准医学计划。精准医学是考虑个体基因、环境和生活方式差异的创新型疾病预防与治疗方法，目标是在正确的时间为正确的患者提供正确的治疗。精准医学将大大降低治疗成本，有效提高治疗效果，将带来一场新的医疗革命并深刻影响未来医疗模式。精准医学的潜力才刚刚开始挖掘，为抢占先机，一些国家已开始行动，出台相关计划。美国在 2015 年国情咨文中宣布将精准医学计划提上日程。2015 年 9 月，美国出台精准医学团队计划。德国政府将个性化医学列为《新的高技术战略——创新为德国》的重要内容。2013 年 4 月，德国联邦教研部启动个性化医疗研究行动计划，于 2013—2016 年投入 3.6 亿欧元，支持个体化医学基础研究、临床前研究、临床研究。英国在 2014 年 8 月出台十万基因组计划，投入资金 3 亿英镑，支持相关研究。

先进制造计划。随着 3D 打印技术等先进制造技术的快速发展，以智能、绿色、服务为主要特征的先进制造技术将对传统的制造业生产组织模式产生革命性的影响。美国政府 2011 年启动先进制造伙伴计划，提出了四大任务：一是提高美国国家安全相关行业的制造业水平；二是实施材料基因组计划（每年投入数亿美元），通过注重实验技术、计算技术和数据库之间的协作和共享，把先进材料研发周期减半，显著降低成本；三是实施国家机器人计划，投资下一代机器人技术；四是开发创新的、能源高效利用的制造工艺。2012 年，美国又提出投入

10 亿美元，组建由 15 家制造业创新研究所组成的制造业创新网络。为建设智能化生产系统领先国家，引领新工业革命，德国政府把"工业 4.0"确定为十大未来项目之一，投入 2 亿欧元，研究如何利用物联信息系统将生产中的供应、制造、销售信息数据化、智慧化，最后达到快速、有效、个性化的产品供应。

1.2.2　设立技术创新类计划

通过公私合作促进创新，很多国家设立了技术创新类计划，鼓励企业或者企业联合高校、科研机构承担科研项目，以便把科研成果尽快转化为现实生产力。

美国 1990 年启动的先进技术计划（ATP）属于一种典型的技术创新类计划。该计划由政府向企业或企业与科研机构联合体提供资金，通过与产业界共同分担研究费用，帮助企业开发能够提高企业国际竞争力的新技术，扶持技术创新与产业化，推动美国经济增长。实践表明，先进技术计划取得了良好的成效。主要表现在：产生了巨大的经济回报，政府对 27 项 ATP 项目投资 6030 万美元，所产生的收入却超过了 6 亿美元。增强了企业承担高风险研究的能力，许多企业都承认，如果没有 ATP 计划资助，企业不会承担相关研究。1988—1996 年参与 ATP 项目的企业与机构获得的专利数占了全国专利总数的 40%。刺激了合作和战略联盟的产生，ATP 计划中每个联盟平均有 6 个成员，通过合作，能使各参与者的资源得到充分的利用，产生巨大的杠杆效应。最后，缩短了研发周期。

鉴于技术创新类计划的巨大益处，很多国家近来都设立了类似的计划。美国 2007 年设立技术创新计划（TIP），代替以往的先进技术计划，新计划更加强调高风险、高回报的领域。欧盟在第七框架计划下设立了联合技术促进计划（JTI），该计划定位于提高欧洲产业竞争力的几个关键领域，这些领域不仅具有战略重要性和极高的社会经济影响，而且在全球的发展只处于初级阶段，公私双方共同投资，制定技术路线图，实施技术商业化方案。日本2013年发布的《科技创新综合战略》指出，为解决关键技术开发等重要项目，建议由综合科学技术会议牵头设立战略性创新创造计划，推进从基础研究到实际运用各阶段的研究开发。在制定计划时，要集聚产学官各界的聪明才智，根据最先进的研究状况、国际化水平以及产业界和社会需求，筛选、确定具有重大影响的战略性项目并加以研究和实施，同时探讨加快成果转化的推进体制。

技术创新类计划重点支持的是可能产生巨大经济效益和价值的应用研究和前沿技术。因此，项目承担主体以企业为主，且企业要承担部分项目经费，是公私合作共同促进创新的重要方式之一。美国技术创新计划的承担主体是企业，单个企业可以单独承担，也可以是多家企业以合作研发的方式共同承担。美国技术创新计划对企业的资助金额不得超过项目总费用的50%，对单一企业的研究计划最长不超过3年，总金额不超过300万美元；对合作研发企业的研究计划，最长不超过5年，总金额不超过900万美元。欧盟联合技术促进计划的承担主体也是企业，企业根据产业发展需求结成利益伙伴提出项目申请。欧盟联合技术促进计划对企业的资助力度也不超过项目总经费的50%。

1.2.3 前沿研究计划项目遴选方式更加灵活

科技计划项目一般采取同行评议的方式进行遴选。一些前沿研究和技术计划则倾向于采取更为灵活的遴选方式，如美国国防先进研究计划署的项目经理负责制、美国国家科学基金会的非共识项目。

（1）项目经理负责制

美国国防先进研究计划署的目标在于开发最前沿的革命性军事技术，确保美国的科技领先地位。该计划署并不像其他研究机构一样重视同行评议的意见，项目经理对项目拥有全面的控制权和空前的灵活性，包括寻找项目、制定项目前景、管理所有采购和财政事务、雇佣和组织人员、寻求合作方、制定短期和长期的工作进程、协调资源和关系等。一个项目是否会获得批准，项目经理只需要说服项目所在处的处长和局长便可。项目经理直接负责项目的运行，也负责在必要情况下终止项目。在前沿研究方面，该计划署采用的项目经理制克服了同行评议的保守趋势，资助程序简单快速，收到了非常好的效果，互联网、隐形战机、卫星定位等革命性的成果都是其资助引领的创新。该计划署的项目经理负责制被一些计划采用，美国 2007 年成立能源高级研究计划署（ARPA-E），以更好地推动新能源领域的创新。日本借鉴美国国防高级研究计划署的做法，设立创新性研发支援计划，从长远角度出发选定影响较大的创新性研究项目。

（2）非共识项目管理

实践表明，越是创新性强的项目，越难于在同行评议中得到好的评审结论，评语的分歧也较大。为了不错过这些创新性强的项目，不让它们在一般的同行评议的过程中被枪毙，一些国家设立了非共识项目，强调创新性，弱化可行性、前期基础等标准，允许失败。美国国家科学基金会的小额探索基金（SGER）、快速反应研究基金（RAPID）和探索性早期概念研究基金（EAGER）以及美国国家卫生研究院的探索发展研究基金（R21 基金）、非传统知识加速研究基金（EUREKA 基金）等都属于非共识项目。NSF 和 NIH 对非共识项目的评审标准都是在其通用标准的基础上，加强对创新性和潜在影响的考核，评议者通常不以各个指标得分的简单平均值来决定申请的最终得分，而是从非共识的特性出发评出综合得分。在强调创新和潜在影响的同时，放宽一些其他方面的要求，并且包容失败。

1.3　典型案例

1.3.1　日本

（1）日本科技计划管理体系

日本采用部门分管的集中协调式的科技计划管理模式，其科技计划管理体制是由政府机构制定规划，依靠方针政策的指导和行政的、法律的、经济的干预进行计划管理。政府通过提出科技政策大纲等形式，制定各产业的技术政策及重点领域的研究开发基本计划，来引导科技发展方向。

日本科技计划管理体系主要在日本科学与科技政策顾问委员会（Council for Science and Technology Policy）的基本框架下运行。委员会由首相领导，促进各相关行政部门在科技政策上的协调。文部科学省（MEXT）负责制定与科技和教育相关的计划、建议和基本政策，制定和推进研究与开发的固定计划，协调科技领域的相关部门（图3）。

日本科技计划主要用于指导和引导社会各界科技资源配置、科技政策管理和科研活动组织。按照制定和实施的主体不同，可将其科技规划划分为三个层次：国家层面制定的科技战略规划、国家重点科技领域的科技发展计划，以及科研机构根据承担的任务制定的研究发展计划。

日本国家科技战略规划主要是由政府的任务相关机构制定全国性的科技基本计划。该基本计划是指导一段时期内日本科学技术发展的大纲，其组织制定和实施受到本国的《科学技术基本法》保护。第四期《科学基本计划》时间跨度从 2010—2015 年。基本计划由隶属于总理大臣的咨询机构（审议机构）——综合科学技术会议（CSTP）负责制定，其他的相关行政机构给予相应的支持。基本计划主要是由相关的行政机构及其下属科研机构完成，绝大多数省厅都是依照这一基本计划制定自身与科研相关的规划或是具体计划。其中，被列为国家关键技术战略优先研究领域的项目，通常由文部科学省负责组织；其他战略科技优先研究领域中所涉及的主题，则分别由专门的机构负责项目的申请、审核和评估。计划实施的资金主要来源于 CSTP 申请的科技振兴调整费，各省设专门的部门负责经费管理，并且会对每个项目专门立项，与承担项目的研究所合作管理项目。

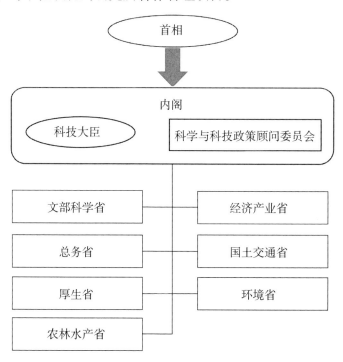

图 3　日本科技计划管理体系组织框架图

日本国家科技计划通常是政府各部门依据国家科技基本计划的要求所制定的特定领域的科技基本计划。日本政府各部门按照《科学技术政策大纲》的要求，逐个制定科技战略规划选定重点领域的研究开发基本计划。对于重大科技计划，各部门按照向科学技术会议等咨询审议机构提出咨询的方式进行，而一般性的科技计划则由本部门的技术会议制定。对于直接隶属于本省的项目，则由省直接组建相关的推进委员会或是技术实施机构来主持组织实施，另外一部分项目则交由研究机构自行管理。

此外，国立科学研究机构以及大学研究机构等科研机构为更好执行国家发布的科技基本计划而制定有自身中期计划和年度计划。

日本科技经费支出主体是机构性经费，其中独立行政法人经费占总经费的 70%，主要是在推进新型核心火箭和海洋资源探查技术研发的同时，基础研究相关竞争性资金配置以及研究设施建设等独立行政法人运行的必要经费，共计 9343.6 亿日元。科技计划的项目经费虽然在年度上有很大的增长，但总体上这种竞争性经费要远远低于稳定性经费支持，前者大概只有后者的 1/4。日本科研项目经费主要是促进大学、公共研究机构和产业界合作，针对关键问题进行研发。其中，组织跨部门和领域的基础研究、应用研究和技术实际应用与商业化，由 CSTP 发挥协调职能，经费约 500 亿日元（图 4）。

其他各省在各自领域促进科技研发与商业化。例如，文部科学省实施研究加速网络计划、下一代癌症研究、战略培养计划等；厚生劳动省推行的生活习惯病、疑难杂症研究，创新的癌症医疗应用化研究等；文部科学省研究促进网络计划、下一代癌症研究培养计划等。各省研究机构的经费主要包括传染病预防的治疗方法，医药、食品、化学物质的调查等，各省管辖的研发机构调查分析、研究开发和研究环境的准备等必要的经费，共计 287.97 亿日元。

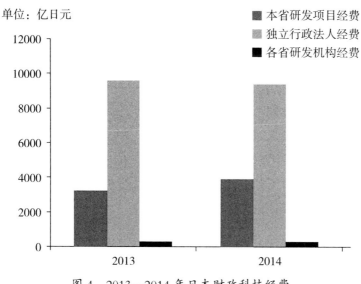

单位：亿日元

■ 本省研发项目经费
▨ 独立行政法人经费
■ 各省研发机构经费

图 4　2013—2014 年日本财政科技经费

（2）日本 ImPACT 科技计划

① 计划简介

日本经济在战后经历了 20 年的高速增长，但在 20 世纪 90 年代初资产泡沫破灭后，经济陷入失落的 20 年，经济增长明显放缓，经济社会发展面临巨大的转型压力。为应对激烈的国际竞争和严峻的经济社会问题，日本政府意识到需要对产业和社会未来发展状态进行重要的革新，实现开放和创新。日本科技政策委员会作为科技政策的重要协调部门，为实现对产业和社会具有巨大影响力的颠覆性创新，推进 ImPACT 科技计划（颠覆性技术创新计划，Impulsing Paradigm Change through Disruptive Technologies Program）。这项具有高风险和高冲击力的挑战性研究开发计划，不仅以创新推动经济社会的转型升级，而且期望对创新管理体系带来根本性的变革。

该计划是在日本再生战略（2013 年 6 月 14 日内阁决定）和科技创新综合战略（2013 年 6 月 7 日内阁决定）的指导下，作为实现高效循环的经济措施（2013 年 12 月 5 日内阁决定）中的一项，于 2013 年补充预算案中确定 550 亿日元，并作为一般账户列入固定科目。该计划项目执行期限一般是 5 年。经过简单测算，该计划经费大概占到日本科技计划经费的 4% 左右。

② 计划实施程序

委员会及会议。召集 ImPACT 计划委员会和专家小组，考虑和讨论项目经理的选择、评估、进展状态评价以及其他相关事宜。专家小组由委员会召集。委员会由科技政策国务大臣、科技政策副大臣、科技政策政务次长、CSTP 行政官员组成。专家组由 CSTP 行政官员和外部专家组成。召集委员会和其他相关事宜由 CSTP 议长决定，召集专家组及相关事宜由委员会主任决定（图 5）。

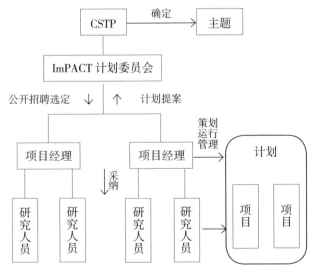

图 5　CSTP 计划制定实施程序

确定研究主题。为了由 ImPACT 计划预见产业和社会的变化，研究主题按照以下因素确定：一是通过颠覆性创新，能够促进发展模式的转变，提高日本产业的竞争优势，大幅度提高日本人民的福祉；二是通过突变的、颠覆传统的科技创新，解决日本面临的严峻社会问题。由此设定五个研究主题，分别是：突破限制制造能力提升的资源和创新（21世纪日本式价值创造），建设改变生活方式的生态友好和能源节约社会（与世界和谐生存），建设超越信息网络社会的高效功能性社会（连接人类智能社会），在低出生率和老年社会中建设世界上最适宜居住的环境（为每个人提供健康和舒适的生活），控制和减轻人类不可预知的灾难和自然灾害的破坏（实现每个人可以深切感受到的恢复能力）。

确定项目经理。内阁办公室负责招募项目经理以及研发项目的建议收集工作。专家组面试应聘人员，推荐项目经理名单，并提交委员会。在专家组报告的基础上，委员会形成系统的项目经理人员建议，提交CSTP。CSTP 在委员会报告的基础上，确定项目经理人员。日本科学技术振兴机构（JST）在 CSTP 的决议基础上聘用项目经理。JST 全程跟进和了解 CSTP 组织的项目经理管理过程，并建立相应程序作为雇主聘用项目经理，对项目经理工作提供帮助，并作为资金的管理机构。

项目经理对自己主管研究计划进行全过程管理，并负责将研发成果转化为颠覆性的创新，是全职的。如果确实是预计能够带来产业和社会巨大变革的领域创新所必需的，项目经理可以不限国籍。

研发活动的实施。项目经理选择研究机构（或几家研究机构），向专家组提交报告，寻求批准。获得批准后，研究机构在项目经理的管理下开展研发活动。

若研究机构与项目经理有直接关系或者位于日本境外时，项目经理需要获得委员会的批准。委员会如果认为该研究机构在该领域进行研究能够为产业和社会带来变革的创新，确实需要选择该研究机构，则予以批准。

项目经理管理研发活动的前提是，JST 与研究机构签订委托研发合同。ImPACT 计划所需费用，包括研发费用、项目经理运营、基金管理和其他费用，由 ImPACT 基金资助，具体管理政策由委员会规定。

项目经理对于其管理的研发计划，可以灵活掌握加快、放慢、暂停、转变方向等事宜。当发现存在新的、可能带来重大影响的发展前景，项目经理可以自行判断并灵活调整计划。

评估与过程管理。为监管 ImPACT 计划的进度，专家组约每半年获取项目经理关于计划进度的报告和 JST 关于资金管理进度的报告。如有必要，可要求项目经理和 JST 提供更加详细的报告，但必须考虑 ImPACT 计划的本质，即高风险和高影响力的目标和项目经理的权责范围。

如果专家组的需求未被满足或者判断预期对产业和社会的影响力不能达到，CSTP 在委员会的监督下，可以解雇项目经理。在研发活动的实施过程中，CSTP 可利用外部专家从多角度对项目经理进行评估，包括预期目标是否可以实现，是否可以进一步推进，计划管理是否得当等。评估以 ImPACT 计划的本质为基础，可拓展到其他方面。例如，当预期目标无法实现时对研发计划的调整、研发活动带来的衍生效应、计划管理的科学性、甚至计划失败时的经验吸取等。

1.3.2 法国

（1）法国科技计划管理体系

法国拥有较为健全的国家科技计划管理体系，并在实践中不断进行调整和完善。近年来，法国采取了一些新举措，如优化国家科研布局，进一步发挥高校在科研方面的主力军作用，打破分割；同时也增强国家科技管理体系的透明度，注重发挥国家科技计划及项目的导向作用，大力推动国际科技合作。

法国是一个中央集权的单一共和政体国家。全国行政结构分为四级，即中央、大区、省、市镇或市镇联合体。在财政体制上，实行的是分税制财政体制，整个国家预算由中央预算、地方预算和国家社会保障预算三部分组成。

法国科技计划管理体系突出顶层设计，彻底打破了条块分割、公私分割。2013 年出台《高等教育和研究法案》，立法要求高校与研究机构加强科研合作，明确高校把科技成果开发、推广和转化作为主要任务，推动高校之间以加强科研合作为目的的重组，早期培养学生的科学和科研兴趣，推动高校的跨学科、多学科建设。建立国家科研战略委员会，明确把基础研究摆在国家科研计划、大型科研装备单位的首要位置，积极参与国际科技组织，推动基金会服务地方科研。注重基础研究和应用技术研究保持均衡发展，加快应用技术开发并强化嫁接，规范管理科技中介服务机构，拓宽法国高校和科研机构与欧盟科研合作渠道，实行第三方评估并保证评价体系质量。通过设立伙伴研究计划、卡诺计划等，推动公共科研机构（包括高校）与私人企业等建立长期的合作关系。

从 2013 年开始，法国在制定科技战略时便注重与欧盟保持一致，力求推动与欧盟全方位合作。2013 年 5 月出台的《法国—欧洲 2020》是一项关于法国研究、技术转化和创新战略的议程，旨在推进法国全方位参与欧盟的科研合作，以便更好地应对气候变化、能源、工业复兴等重大经济社会挑战，鼓励技术转化与创新，提高国家竞争力，确保法国科研在欧洲的领先地位。

按照《法国—欧洲2020》和《国家研究战略（2015年）》的整体部署，并参照《2020年欧洲地平线框架计划》，法国制定出2015年国家科研项目的四大主线，具体是：研究解决法国当前重大社会挑战，积极开展科技前沿探索，融入欧盟研究布局并增强法国科技在国际上的影响力，研究解决法国当前经济发展阻力和竞争力问题。同时在《法国—欧洲2020》中，明确提出法国当前面临的九大挑战，即资源节约管理与气候变化应对，能源清洁、安全与高效，国家工业复兴，健康与保健，食品安全与人口挑战，城市交通与可持续机制，信息通信社会，创新、包容与宜居社会，欧洲及其居民和常住人员自由与安全。这些挑战，大多数涉及处在上游的基础研究，其科技成果有可能被及时应用，法国在这些领域已经占据优势，认为开展这些研究对本国有益。

法国于2010年建立了在总理领导下的法国投资总署，利用国债等社会资金加大对相关行业的投入，其中包括对科技领域的投入计划——《未来投资计划》。2014—2024年之间，分阶段安排《未来投资计划》约120亿欧元的预算外资金（国债），以补贴、贷款等形式用于生态与能源转型、数字化经济等产业。

（2）法国科技计划制定与管理

① 计划制定

在法国，科研政策和计划的制定由教研部负责。在制定前，该部会同法国科技最高理事会，广泛听取相关部委以及国家生命科学与健康联盟，国家能源研究协作联盟，国家数字化科技联盟，国家环境研究领域联盟，国家人类、人文与社会科学联盟和国家多学科联盟等六大科研联盟（Alliance）的意见，以确定科技发展整体目标和财政预算。政策和计划草案首先在内阁会议上进行讨论和修改，再经参议院讨论通过后，然后在每年 11 月举行的国民议会会议上表决通过，并在政府《官方公报》上公布，作为政府的一项行政法令，由各部委落实执行（表1）。

表1　2012–2015 年法国科研与高等教育财政预算分配表（亿欧元）

经费用途	主管部委	预算安排			
		2012 年	2013 年	2014 年	2015 年
高等培训与大学研究	教研部	125.10	127.17	127.93	127.88
大学生生活	教研部	21.60	23.12	24.56	24.98
多学科科技研究	教研部	51.20	51.67	63.31	63.25
环境和资源领域管理研究	教研部	12.50	12.82	13.91	14.04
空间研究	教研部	13.90	14.13	14.31	14.35
可持续能源、发展与国土整治领域研究	生态、可持续发展和能源部	13.30	13.60	14.18	17.00
军民两用	国防部	1.96	1.96	1.93	1.93
经济与工业科研和高教	经济、工业和数字化部	10.80	9.98	9.51	9.92
文化研究与科技文化	文化和宣传部	1.25	1.24	1.16	1.15
农业高教与科研	农业、农业食品和林业部	2.97	3.07	3.96	3.12

注：本费用包含预算外资金（未来投资计划）。法国科研和高教预算费用大部分由教研部单独管理，其中可持续能源、发展与国土整治领域研究费用由法国生态、可持续发展与能源部管理，其余的由其他部委进行分配，部分财政经费管理存在交叉现象。

六大科研联盟几乎涵盖所有学科领域，建立它们的主要目的是，推动公私部门的科研合作和协同创新（研究机构、高校、企业）；设计研发专题计划，确保与国家研究与创新战略一致；参加法国国家科研署科技规划的起草；拓宽与欧盟科技合作渠道，大力推动法国科研向国际化发展。

② 科研项目立项

公共和私人研究单位等均有权申请国家科研项目，实行的是分级和分类申报制度。各个公共和私立研究机构根据项目的专业性，可分别向相对应的六大科研联盟提出申请，由这些联盟在其各自建立的专业数据库内进行查重、查新，并出具项目申报是否重复的意见，作为项目立项的依据。企业的研发项目向分布在法国各地的 71 个竞争力集群（工业园区）管委会提出申请，再由所在地的竞争力集群管委会组织向相关专业的联盟申请查询并出具项目申报是否重复的意见。通过专业机构查新、查重，杜绝了国家科研项目重报等弄虚作假现象的发生。由联盟组织法国国家科研与高教评估高等委员会认定的专业评估机构，对各个公共和私立研究机构非重复申报的科研项目进行评审并出具可行性报告；由各竞争力集群管委会组织法国国家科研与高教评估高等委员会认定的专业评估机构，对所在地企业的非重复申报的研发项目进行评审并出具可行性报告。完全实行第三方评估，保证了项目的公正性和质量。研究机构和相关单位不可以直接到相关国家部委申请项目，由联盟和竞争力集群管委会分别向相关政府部委递交可行性项目预算申请。

③ 成立国家科研署

为进一步规范管理国家科研项目，2005 年法国建立了国家科研署。国家科研署除负责管理国家科研项目外，2010 年开始与法国投资总署合作，负责管理《未来投资计划》（发行国债）中的所有科研项目。引入竞争机制，科研项目公开征集，不仅增强了科研经费补贴的针对性和经费预算的科学性，而且提高了公共科研活动的透明度和科研经费使用的效率。建立国家科研署的主要目的是以科研项目为引导，以此加快落实国家科技发展战略，彻底打破公私部门之间的分割，推动科研与经济社会紧密结合，推进与欧盟科技合作、国际科技合作。

（3）法国科技计划申报程序

①明确申报单位范围

法国国家拨款的科研项目绝大部分由国家科研署统一管理，实行公开征集，并给予一定比例的无偿补贴（aide non remboursable）。国家科研项目征集主要面向两种类型单位，第一类是公共科研机构和基金会形式的研究机构（包括私营）；第二类是其他机构，主要包括企业，并按企业规模分为大型企业和中小型企业（包括微型企业）。申请单位需准备以下材料：科研项目申请书、财务报表、单位保证书、与财团商签协议的意向书或与至少一家企业开展联合研究的意向书（提供知识产权框架协议），企业或联合申报单位需提供近三年获取公共财政补贴报表，企业或联合申报单位必要时需提供两个年度的财务信息。

法国国家科研署为上述两种类型单位制定了两种不同的经费预算审批表，使用不同的税基计算方法和资助比例，申报单位按照自己的类别填写相应的经费预算审批表。个别申报单位在很难归类的情况下，申报前需要咨询国家科研署项目管理办公室帮助确定类别。

经费预算审批表包括两项内容：一项是科研项目活动的总体财务信息，另一项是个体财务信息。总体财务信息包括：科研项目申报总费用、拟申请国家科研署补贴部分和补贴金额（需列出所有项目）、补贴资金的分配方案及可能获得的其他资金支持。个体财务信息包括：所有与获取补贴相关的行政和财务信息，以及项目实施过程中可能获取资金支持的其他信息。

多个机构联合申报项目时，每个参加单位应单独认真填写财务附件的"个体财务信息"部分，由项目总协调人负责汇总所有参加单位的"个体财务信息"，共同填写"总体财务信息"报表。如果参加单位中有企业，企业填写的"个体财务信息"将成为具有合同性质的文件，作为与国家科研署签署的补贴协议的一项内容。

②预算基数与补贴比例

国家科研署按照科研项目预算总费用的一定比例提供财政补贴作为经费预算基数。科研项目总费用（包括该项目的完全成本或边际成本，以及相关设备费用的分摊费）则根据项目申报单位的类型及国家财政对单位的投入情况、项目的类型（基础研究、工业研究、试验开发），采取不同的计算方式。

申报单位为第一类"公共机构和基金会形式的研究机构"，因国家财政对人员、科研等有了一定的投入，其申报的科研项目总费用按边际成本进行计算；实施该项目所需要的其他补充手段和一般管理费用等（不包括固定人员费用、环境成本和原有设备的折旧费用）按边际成本进行计算。

申报单位为第二类"其他机构"，其申报的科研项目总费用则按完全成本进行计算，包括与项目有关的全部费用和包干性质的科研活动费。

按边际成本进行计算的科研项目费用，国家科研署补贴比例为100%；按完全成本进行计算的科研项目费用，国家科研署根据项目性质（基础研究、工业研究和试验开发）和申报企业类型（中小企业和其他企业）采取不同的补贴比例，补贴比例将在项目征集指南中标明。对于不属于企业的其他类型申报单位，补贴比例最高限额为完全成本的50%。

国家科研署根据欧盟的定义，把工贸型的公共科研机构作为企业，按照第二类"其他机构"政策进行补贴。

③科研项目增值税

国家科研署对科研项目的补贴一般不存在"税前补贴"或"税后补贴"问题。计算科研项目总费用时，需按税前开支为起点，必要时加上增值税数额。享受先征后返增值税政策的申报单位的科研项目总费用，补贴数额根据税前费用计算；不能全部或部分返还的申报单位（大多数公共机构）申报科研项目总费用，应加上增值税支付数额。不能返还的增值税数额应在各项投入、外包服务、小型器材等费用发票上注明。

（4）法国国家科技计划项目经费监督

2013 年国家科研署开始执行新的《国家科研署科研项目经费补贴办法》。该办法除了对科研项目经费预算重新进行了规定外，对项目变更、财务管理、监管等也提出了新的要求。

① 项目变更

国家科研署规定任何单位不能对项目的目标进行变更，部分调整需书面征求国家科研署主任对该项目变更的意见。国家科研署有权对该项目进行重新评估，并将视情况收回全部和部分补贴，也可以对运行和设施费用支出做适当调整，调整额度不能超过国家科研署补贴数额的 30%。项目完成期限可以延长，最多不超过 1 年。项目科技负责人、项目实施地点、单位地址和银行联系方式等发生变化时，需及时邮件通知。项目联合实施过程中，一方要求退出将影响项目时，此项目总协调人负责通知国家科研署。

② 财务管理

项目预付款。国家科研署按年度并根据由专业评估机构出具的项目进度报告结果等分期拨付一定的项目经费。项目完成前，最多预付补贴总额的 80%。

项目余款。项目完成时，项目单位需向国家科研署递交由专业评估机构撰写的科研项目完成情况总结报告，并经项目实施单位负责人签字，同时要出示实施单位财务人员审核的各项开支清单，国家科研署组织验收并确认项目正式完工后立即拨付剩下的 20% 余款。

开支证明。项目单位在项目结束时需向国家科研署提供一份设备购置费、外单位服务费等所有开支的汇总表，并附上由项目单位负责人签字的供货商和服务单位名称、金额和发票号等明细清单。

③ 监督管理

项目单位原则上每季度向国家科研署提交由专业机构起草的工作进度报告，同时必须参加国家科研署组织的项目会议。国家科研署根据报告了解项目实施质量，根据进度估算完成预期，再决定拨款进度或取消项目合作。

项目实施过程中，国家科研署还会安排专业人员前往现场察看工作进度、审查费用支出等，申报单位需要为他们提供办公条件，及时提供相关资料。不配合监督或被查出问题的，国家科研署将依法停止项目合作或追回补贴。

2 我国科技计划（专项、基金等）管理现状

2.1 我国科技计划管理体制发展历程

2.1.1 第一阶段（1956—1966 年）

（1）十二年科技规划

随着新中国成立后经济的逐渐恢复，国家明确了在第二、第三个五年计划内大规模开展经济建设的宏伟目标。

经济目标的实现有赖于科学技术的发展，这对我国当时还很薄弱的科技工作提出了很高的要求。1955 年，在周恩来总理领导下，国务院成立了科学规划委员会，调集了几百名各种门类和学科的科学家，并邀请了 16 名苏联各学科的著名科学家，历经 7 个月完成了《1956—1967 年科学技术发展远景规划纲要（草案）》（简称《十二年科技规划》），经反复讨论修改于 1956 年 12 月经中共中央、国务院批准后执行。

《十二年科技规划》是中华人民共和国成立以来的第一个科技规划。规划从 13 个方面提出了 57 项重大科学技术任务、616 个中心问题，并综合提出了 12 个重点任务，还对全国科研工作的体制、人才使用方针、培养干部的大体计划和分配比例、科学研究机构设置的原则等做了一般性的规定，是一个项目、人才、基地、体制统筹安排的规划。

《十二年科技规划》的制定和实施不仅对我国科学技术的发展起了重要的推动作用，而且对我国科研机构的设置和布局、高等院校学科及专业的调整、科技队伍的培养方向和使用方式、科技管理的体系和

方法以及我国科技体制的形成起了决定性的作用。1963 年，在《十二年科技规划》执行的基础上，制定了《1963—1972 年十年科学技术规划》（简称《十年规划》），《十年规划》的实施取得了一批重要成果。

（2）八年规划纲要

1978 年 10 月，中共中央正式印发《1978—1985 年全国科学技术发展规划纲要》（简称《八年规划纲要》）。八年规划确定了 8 个重点发展领域和 108 个重点研究项目。同时，还制定了《科学技术研究主要任务》《基础科学规划》和《技术科学规划》。规划实施期间，邓小平同志提出了"科学技术是第一生产力"以及"四个现代化，关键是科学技术现代化"的战略思想，为发展国民经济和科学技术的基本方针和政策奠定了思想理论基础。1982 年，规划的主要内容调整为 38 个攻关项目，以"六五"国家科技攻关计划的形式实施，这是我国第一个国家科技计划。

1982 年底，国务院批准了国家计委、国家科委《关于编制十年（1986—2000 年）科技发展规划的报告》，成立了由国家科委、计委、经委共同领导的科技长期规划办公室，组织了 200 多名专家和领导干部集中工作，成立了 19 个专业规划组，开展规划的研究与编制工作。规划贯彻"科学技术必须面向经济建设，经济建设必须依靠科学技术"的基本方针，突出重点，不搞面面俱到，强调实事求是，不片面追求"赶超"，根据我国的实际情况，发展具有我国特色的科学技术体系。

十五年科技发展规划的突出特点：一是强调科技与经济的结合，在"面向、依靠"基本方针的指导下，进一步推动科技体制改革；二是技术政策的颁布实施，作为指导、监督、检查我国技术发展方向的基本政策依据，促进了科技成果迅速广泛地应用于生产；三是相继出台了高技术研究发展（863）计划、推动高技术产业化的火炬计划、面向农村的星火计划、支持基础研究的国家自然科学基金等科技计划，保证了规划的实施，为国家管理科技活动、配置科技资源进行了有益的探索。

随着规划的实施，我国迎来了科学的春天，科学技术得到蓬勃发展，国内科学计划不断发展完善，一些重大科技项目开始实施。自国家科技攻关计划出台以来，陆续在基础研究、应用开发和成果转化与产业化的科技活动各阶段实施了科技支撑计划、863计划、火炬计划、星火计划、国家重点新产品计划、科技成果重点推广计划、973计划、科技型中小企业技术创新基金等专项科技计划，初步形成了较为完善的国家科技计划体系。

1978年以前，我国遵循的是苏联的科技计划体系，实行的是一种计划式的科技体系，实施赶超发展的战略。其战略目标是要在较短时间内赶上和超过世界先进水平，进入世界科技大国的行列，采用的科技体系是企业、科研院所、高校、国防科研相互独立的结构，以计划来推动科技项目和任务，带动技术的转移。这一体系在国际封锁、国内科技资源极度稀缺的情况下，将有限的资源向战略目标领域动员与集中，在短短十几年间，建立了比较完整的科技组织体系和基础设施，培养了大批优秀人才，为国家的经济社会发展和国防建设解决了一系列重大科技问题，使我国的科学技术从整体上大大缩小了与世界先进水平的差距。但这一计划式的科技体系在20世纪70年代末遇到挑战。从国际上看，世界新技术革命浪潮涌动，几乎各门学科领域都发生了深刻变化，科技成果迅速推广应用，带来社会生产力的巨大变革，促进了全球的经济增长和产业结构调整；国与国的竞争由单一的军事竞争、经济竞争转向为以科技为核心的综合国力竞争。而在我国，"文革"时期科技活动受到了极大的压制，我国的科技竞争力与西方相比，差距不断扩大。

党的十一届三中全会以后，国家发展战略逐步转变为有较强经济指向的结构赶超型战略，这也要求科技战线能够为经济建设做出自己的贡献。中央提出了"经济建设要依靠科学技术，科学技术要面向经济建设"的科技发展方针，经济与社会发展对科学技术提出了多层次、多元化的要求。在这种背景下，原有科技体制深层结构中的固有弊端日益显现。首先，它是一个自封闭的垂直结构体系，科技与经济存在着"两张皮"的现象。其次，没有知识产权的概念，缺少科技成果有偿转让的机制，不利于技术扩散；第三，在科研院所内，国家用行政手段直接管理过多，存在"大锅饭"的现象，不利于调动科研机构的主动性与积极性。因此，科技体制改革势在必行。

2.1.2 第二阶段（1985—1992 年）

1985 年 3 月，《中共中央关于科学技术体制改革的决定》出台，标志着科技体制改革由 1978 年以来科技界自发进行的、探索试点的阶段进入全面实施的阶段。该决定明确提出，体制改革的根本目的是"使科学技术成果迅速广泛地应用于生产，使科学技术人员的作用得到充分发挥，大大解放科学技术生产力，促进科技和社会的发展"，并提出全国主要科技力量要面向国民经济主战场，为经济建设服务。这一阶段，科技发展的指导思想是要落实"面向""依靠"的方针，主要政策走向是"放活科研机构，放活科技人员"，主要集中在拨款制度、技术市场、组织机构及人事制度等方面。

（1）改革拨款制度

依据科技活动特点与分工，对全国各类科研机构的科研事业费实行分类管理。对主要从事技术开发的科研机构在 5 年内逐年削减事业费，直至完全或基本停拨；对主要从事基础研究的科研机构实行基金制，国家只拨给一定额度的事业费；对从事社会公益性研究工作和农业科研工作的机构，国家仍拨给事业费，实行包干；对从事多种类型研究工作的机构，其经费来源视具体情况通过多种渠道解决。拨款制度改革以后，每年核减下来的事业费，三分之二作为国务院主管部门用于行业技术工作和国家重大科研项目，三分之一作为国家科委面向全国的科技委托信贷资金和科技贷款的贴息资金。

拨款制度的目的，首先是从资金供应上改变科研机构对行政主管部门的依附关系，使其通过主动为经济建设服务，争取多渠道的经费来源；其次是用商品经济规律调整科技力量布局，扩大全社会的科技投入，加速科技成果商品化。此项改革进展较为顺利，到 1991 年，中央级科技开发机构实现了事业费减拨全部到位，地方到位率为 80%。在全国县以上政府部门所属的 5074 个自然科学研究机构中，有 1186 个不再拨付科学事业费。

（2）开放技术市场

在政策和法律上承认技术成果也是商品，建立按照价值规律有偿转让的机制。为了保护专利权人的合法权益，鼓励发明创造，推动发明创造的应用，提高创新能力，促进科学技术进步和经济社会发展，1984 年 3 月，全国人民代表大会常务委员会通过并颁布了《中华人民共和国专利法》。1987 年 6 月 23 日，第六届全国人民代表大会常务委员会第 21 次会议审议通过《中华人民共和国技术合同法》及相应的实施条例，为技术开发、技术转让、技术咨询、技术服务等各种技术交易制定了基本规则。这一措施与拨款制度改革相辅相成，为科研机构网开一面，目的是通过经济利益，加强研究机构同生产单位的联系，使生产对科技的需求迅速成为研究项目，研究成果及时应用于生产。

（3）改革科研单位管理模式

调整的原则与方向是国务院各部门实行政研职责分开，下放科研机构。国家对科研机构的管理由直接控制为主转变为间接管理；扩大研究机构的自主权；鼓励研究、教育、设计机构与生产单位的联合；强化企业的技术吸收与开发能力；提出了技术开发型科研机构进入企业的五种发展方向。

（4）支持和鼓励民营科技企业发展

鼓励科技人员按照自筹资金、自愿组合、自主经营、自负盈亏原则，设立从事技术开发、技术转让、技术咨询、技术服务和技工贸、技农贸一体化经营的民营科技企业，并使之成为体制外发展高科技产业的一支生力军。

（5）建立高新技术产业开发试验区

1988年5月，国务院批准建立了北京市新技术产业开发试验区，并给予开发区18项优惠政策，同年8月开始实施火炬计划。至1992年底，在全国建立了52个国家高新技术产业开发区。1993年区内认定高技术企业9687家，全年总收入563.63亿元，利税74.45亿元。

2.1.3 第三阶段（1992—1998年）

以1992年邓小平"南方谈话"为标志，中国经济体制开始迈入社会主义市场经济新阶段。在这一阶段，科技体制改革的方向调整为"面向""依靠""攀高峰"，主要政策走向是按照"稳住一头、放开一片"

的要求，分流人才，调整结构，推进科技经济 一体化的发展。

"稳住一头"包括两方面的含义：一是国家稳定支持基础性研究，开展高技术研究和事关经济建设、社会发展和国防事业长远发展的重大研究开发，形成优势力量，力争重大突破，提高中国整体科技实力、科技水平和发展后劲，保持一支能在国际前沿进行拼搏的精干科研队伍。二是对研究机构分类定位，优化基础性科研机构的结构和布局，为准备"稳住"的科研院所提供现代科研院所的组织体制和模式。为实现"稳住一头"的目标，1993 年 7 月，全国人大通过了我国第一部科学技术基本法——《中华人民共和国科技进步法》，该法明确规定，"全国研究开发经费应当占国民生产总值适当的比例，并逐步提高"，"国家财政用于科学技术的经费增长幅度，高于国家财政经常性收入的增长幅度"。

"放开一片"，是指放开各类直接为经济建设和社会发展服务的研究开发机构，放开科技成果商品化、产业化活动，使之以市场为导向运行，对经济建设和社会发展做出贡献。主要政策措施有：鼓励各类科研机构实行技工贸一体化经营，或与企业进行合作开发、生产和经营；鼓励科研机构实行企业化管理，参照企业财务的有关规定独立核算，逐步做到收支平衡，经济自立，自负盈亏；赋予有条件的科研机构国有资产经营权，支持其投资创办科技企业、企业集团，兼并企业或在企业中投资入股（包括技术入股），依法享有投资收益；支持有条件的科研机构以多种形式进入大中型企业或企业集团；推动社会公益科技机构成为新型法人实体，主要依靠国家政策性投入、社会支持和自身的科技业务创收运行，参考国外非营利机构的运行模式，建立自我积累、自我运作、自我发展的机制；实行社会化监督和管理，面向社会开展不以营利为直接目的的服务和经营活动；国家对其免征所得税和增值税，其收益用于支持本身事业的发展。

2.1.4 第四阶段（1998—2014年）

这一阶段，科技发展战略和科技体制改革进行了实质性调整，"科教兴国"成为国家战略。虽然"科教兴国"的战略早在1995年5月中共中央、国务院发布《关于加速科学技术进步的决定》就已确立，但这一战略的真正实施是在1998年之后。科教兴国，加强国家创新体系建设、加速科技成果产业化成为这一时期的主要政策走向。政策供给集中在促进科研机构转制，提高企业和产业创新能力等方面。

（1）推进研究机构改革

1998年底，随着国家政府机构改革步伐的加快，国务院决定对国家经贸委管理的10个国家局所属242个科研院所进行管理体制改革。通过转制成为科技型企业或科技中介服务机构、进入企业等方式，实现企业化转制。这一改革的目的是为了减少独立的国家应用研究机构，鼓励企业建立自己的应用类研究机构，使企业真正成为技术创新的主体。

1999年，为了顺利推进改革，政府出台了一系列相关政策，如原有的正常事业费继续拨付，享受国家支持科技型企业的待遇，5年内免征企业所得税，免征技术转让收入的营业税，免征其科研开发自用土地的城镇土地使用税等。此后，国务院各部门所属的其他134个技术开发类科研机构也相继进行了企业化转制，同时开始推动公益型科研机构向非营利机构的转制。

（2）大力推进科技成果转化

1993年7月，为了促进科学技术进步，在社会主义现代化建设中优先发展科学技术，发挥科学技术第一生产力的作用，推动科学技术为经济建设服务，第八届全国人民代表大会常务委员会第二次会议通过了《中华人民共和国科学技术进步法》，提出国家实行经济建设和社会发展依靠科学技术，科学技术工作面向经济建设和社会发展的基本方针。国家鼓励科学研究和技术开发，推广应用科学技术成果，改造传统产业，发展高技术产业，以及应用科学技术为经济建设和社会发展服务的活动。国家选择对经济建设具有重大意义的项目，组织科学研究和技术开发，加速科学技术成果在生产领域中的推广应用。国家建立和发展技术市场，推动科学技术成果的商品化，技术贸易活动应当遵循自愿平等、互利有偿和诚实信用的原则。在全国范围内组织科学技术力量实施高技术研究，推广高技术研究成果等。

1996 年 5 月，为了促进科技成果转化为现实生产力，规范科技成果转化活动，加速科学技术进步，推动经济建设和社会发展，全国人大常委会审议通过了《中华人民共和国促进科技成果转化法》，明确提出：国务院和地方各级人民政府应当将科技成果的转化纳入国民经济和社会发展计划，并组织协调实施有关科技成果的转化。国家通过制定政策措施，提倡和鼓励采用先进技术、工艺和装备；不断改进、限制使用或者淘汰落后技术、工艺和装备。国家财政用于科学技术、固定资产投资和技术改造的经费，应当有一定比例用于科技成果转化。国家对科技成果转化活动实行税收优惠政策等一系列相关规定。

1999 年，为了鼓励科研机构、高等院校及其科研人员开发新技术，转化科技成果，发展高新技术产业，进一步落实《中华人民共和国科学技术进步法》和《中华人民共和国促进科技成果转化法》，由原科技部、教育部、人事部、财政部、中国人民银行、国家税务总局、国家工商行政管理局共同制定，国务院办公厅转发《关于促进科技成果转化的若干规定》，并出台了相关政策，明确重申：以高新技术成果向有限责任公司或非公司制企业出资入股的，高新技术成果作价金额可达到公司或企业注册资本的35%，另有约定的除外；科研机构、高等院校转化职务技术成果，要奖励成果完成人和转化人员，奖励额不低于技术转让净收入的20%，或连续3—5年内，从实施该成果的年净收入中提取不低于5%的比例用于奖励；采用股份形式的企业实施科技成果转化的，也可以用不低于实施成果入股时作价金额的20%的股份给予奖励，该持股人依据其所持股份分享收益；科研机构、高等院校转化职务科技成果以股份或出资比例等股权形式给予个人奖励，获奖人在取得股份、出资比例时，暂不缴纳个人所得税，取得按股份、出资比例分红或转让股权、出资比例所得时，应依法缴纳个人所得税；科技人员可以在完成本职工作的前提下，在其他单位兼职从事研究开发和成果转化活动。

（3）推出了一系列促进技术创新的新政策

1999年，为贯彻《中共中央、国务院关于加强技术创新，发展高科技，实现产业化的决定》（中发〔1999〕14号）中"要培育有利于高新技术产业发展的资本市场，逐步建立风险投资机制"的精神，指导、规范风险投资活动，推动风险投资事业的健康发展，原科技部、国家计委、国家经委、财政部、中国人民银行、国家税务总局、中国证监会联合颁布了《关于建立风险投资机制若干意见的条例》，以促进风险投资的发展。

1999年，为了扶持、促进科技型中小企业技术创新，经国务院批准设立科技型中小企业技术创新基金，通过无偿拨款、贷款贴息和资本金投入等方式，扶持和引导科技型中小企业的技术创新活动，促进科技成果的转化，培育一批具有中国特色的科技型中小企业，加快高新技术产业化进程。原国家经贸委和科技部都提出了"技术创新工程"，以促进企业和地区的创新工作，推出了以提高产业技术创新能力为目标的创新政策。最主要的是 2000 年提出的国务院关于《鼓励软件产业和集成电路产业发展的若干政策》，使我国软件产业和集成电路产业快速发展，产业规模迅速扩大，技术水平显著提升，有力推动了国家信息化建设，对提高产业发展质量和水平，培育一批有实力和影响力的行业领先企业起到了关键的作用。

2002 年 11 月，中国共产党第十六届中央委员会第一次全体会议在北京举行，明确提出 21 世纪前 20 年，是我国经济社会发展的重大战略机遇期，也是科技发展的重大战略机遇期。全面建设小康社会宏伟目标的实现，国防实力、综合国力的提高，世界新科技革命的挑战，都对科技提出了更高的要求，提出要制定我国中长期科学和技术发展规划纲要。

国务院从 2003 年 6 月开始，组织各方面两千多名专家学者和有关部门力量，在深入研究的基础上，制定了《国家中长期科学和技术发展规划纲要（2006—2020 年）》（简称《规划纲要》）。该《规划纲要》是我国进入 21 世纪新阶段对科学技术发展进行的第一次全面规划，也是在社会主义市场经济条件下制定的第一个中长期科技发展规划。

到 2020 年，我国科学技术发展的总体目标是：自主创新能力显著增强，科技促进经济社会发展和保障国家安全的能力显著增强，为全面建设小康社会提供强有力的支撑；基础科学和前沿技术研究综合实力显著增强，取得一批在世界具有重大影响的科学技术成果，进入创新型国家行列，为在 21 世纪中叶成为世界科技强国奠定基础。

该《规划纲要》提出，科技工作的指导方针是：自主创新，重点跨越，支撑发展，引领未来。自主创新，就是从增强国家创新能力出发，加强原始创新、集成创新和引进消化吸收再创新。重点跨越，就是坚持有所为、有所不为，选择具有一定基础和优势、关系国计民生和国家安全的关键领域，集中力量、重点突破，实现跨越式发展。支撑发展，就是从现实的紧迫需求出发，着力突破重大关键、共性技术，支撑经济社会的持续协调发展。引领未来，就是着眼长远，超前部署前沿技术和基础研究，创造新的市场需求，培育新兴产业，引领未来经济社会的发展。

该《规划纲要》提出我国科学技术发展的总体部署：一是立足于我国国情和需求，确定若干重点领域，突破一批重大关键技术，全面提升科技支撑能力。确定 11 个国民经济和社会发展的重点领域，并从中选择任务明确、有可能在近期获得技术突破的 68 项优先主题进行重点安排。二是瞄准国家目标，实施若干重大专项，实现跨越式发展，填补空白。共安排 16 个重大专项。三是应对未来挑战，超前部署前沿技术和基础研究，提高持续创新能力，引领经济社会发展。重点安排 8 个技术领域的 27 项前沿技术，18 个基础科学问题，并提出实施 4 个重大科学研究计划。四是深化体制改革，完善政策措施，增加科技投入，加强人才队伍建设，推进国家创新体系建设，为我国进入创新型国家行列提供可靠保障。

（4）实施重大专项

该《规划纲要》在重点领域中确定一批优先主题的同时，围绕国家目标，进一步突出重点，筛选出若干重大战略产品、关键共性技术或重大工程作为重大专项，充分发挥社会主义制度集中力量办大事的优势和市场机制的作用，力争取得突破，努力实现以科技发展的局部跃升带动生产力的跨越发展，并填补国家战略空白。

确定重大专项的基本原则：一是紧密结合经济社会发展的重大需求，培育能形成具有核心自主知识产权、对企业自主创新能力的提高具有重大推动作用的战略性产业；二是突出对产业竞争力整体提升具有全局性影响、带动性强的关键共性技术；三是解决制约经济社会发展的重大瓶颈问题；四是体现军民结合、寓军于民，对保障国家安全和增强综合国力具有重大战略意义；五是切合我国国情，国力能够承受。根据上述原则，围绕发展高新技术产业、促进传统产业升级、解决国民经济发展瓶颈问题、提高人民健康水平和保障国家安全等方面，确定了一批重大专项。

重大专项的实施，根据国家发展需要和实施条件的成熟程度，逐项论证启动。同时，根据国家战略需求和发展形势的变化，对重大专项进行动态调整，分步实施。对于以战略产品为目标的重大专项，要充分发挥企业在研究开发和投入中的主体作用，以重大装备的研究开发作为企业技术创新的切入点，更有效地利用市场机制配置科技资源，国家的引导性投入主要用于关键核心技术的攻关。

重大专项是为了实现国家目标，通过核心技术突破和资源集成，在一定时限内完成的重大战略产品、关键共性技术和重大工程，是我国科技发展的重中之重。该规划纲要确定了核心电子器件、高端通用芯片及基础软件，极大规模集成电路制造技术及成套工艺，新一代宽带无线移动通信，高档数控机床与基础制造技术，大型油气田及煤层气开发，大型先进压水堆及高温气冷堆核电站，水体污染控制与治理，转基因生物新品种培育，重大新药创制，艾滋病和病毒性肝炎等重大传染病防治，大型飞机，高分辨率对地观测系统，载人航天与探月工程等 16 个重大专项，涉及信息、生物等战略产业领域，能源资源环境和人民健康等重大紧迫问题，以及军民两用技术和国防技术。

组织实施重大科技项目，是推进我国科技发展的一条成功道路。20世纪 50 年代，我国举全国之力实施的"两弹一星"工程，动员和组织了近千家单位、上万名科技工作者参与，取得了重大成功，为新中国的发展赢得了长期安全的和平环境，赢得了受人尊重的大国地位。载人航天工程是又一个跨部门、跨学科的重大科技项目的成功典范，其成功实施使我国跻身世界第二个拥有载人航天技术的国家，对整体提升综合国力起到了至关重要的作用。"十五"期间，我国组织实施了 12 个重大科技专项，动员了 10 多个部门、20 多个省市的数千家企业、科研机构、高等院校的数万名科技人员参与攻关，在芯片制造设备、通用芯片与系统软件、电动汽车、水污染治理、食品安全和技术标准等领域取得了一系列新的突破，增强了我国自主创新能力。在"非典"科技攻关中，国家集中组织全国各方面力量，在灭活疫苗研制等方面迅速取得了突破。这些成功实践是中国科技事业发展的重要标志，是中国科技实力乃至综合国力的重要标志。2015 年之后，进入了第五阶段，即当前全国上下深入开展的科技计划管理改革。

2.2　我国科技计划宗旨（2015 年之前）

2.2.1　基础研究计划

基础研究计划包括国家自然科学基金和国家重点基础研究发展计划（973 计划），国家自然科学基金主要支持自由探索性基础研究，

973 计划是以国家重大需求为导向，对我国未来发展和科学技术进步具有战略性、前瞻性、全局性和带动性的基础研究发展计划，主要支持面向国家重大战略需求的基础研究领域和重大科学研究计划。

实施国家自然科学基金项目，要充分发挥科学基金为其他科技计划孕育创新成果和培育创新人才的作用，按照科学规律，突出原始创新，鼓励科学家的自由选题研究，积极促进学科均衡、协调和可持续发展，加大对交叉学科和新兴学科的支持，注重对具有创新潜力的非共识项目的支持，发现和培育创新人才和创新团队，提高科技的持续创新能力。

国家重点基础研究发展计划（973 计划），包括 10 个重点领域和4 项重大科学研究计划。由科技部负责，会同国家自然科学基金委员会及各有关主管部门共同组织实施。科技部成立专家顾问组，对国家重点基础研究规划的发展战略、政策以及 973 计划项目的立项、评审及组织实施中的重大决策性问题进行咨询、顾问、监督、评议，以保证973 计划项目立项和管理的科学性与民主性；按相关领域分别组建领域专家咨询组，负责跟踪、了解项目的执行情况，以保证项目的顺利实施。"十一五"期间，973 计划围绕农业、信息、能源、资源环境、人口与健康、材料、综合交叉等领域，安排一批重大项目。同时，进一步凝练目标和重点，组织实施蛋白质、量子调控、纳米、发育和生殖等 4项重大科学研究计划，在解决我国经济社会发展中的重大科学问题方面取得一批具有重大影响的创新成果。

2.2.2　重大专项

重大专项是围绕国家战略目标而设立的专项计划，是由政府支持并组织实施的重大战略产品开发、关键共性技术攻关或重大工程建设。《规划纲要》确定了 16 个重大专项，涉及信息、生物等战略产业领域，能源资源环境和人民健康等重大紧迫问题，以及军民两用技术和国防技术。

"十一五"期间按照国家发展的重大战略需求，根据需要和成熟条件，逐次组织实施。通过重大专项的实施，攻克一批具有全局性、带动性的重大关键技术，开发一批世界先进水平的重大战略产品和技术系统，培育一批战略性产业和具有国际竞争力的企业，建设几项标志性工程，提高我国的国际地位，增强民族自信心和自豪感。

2.2.3　国家科技支撑计划

国家科技支撑计划是以重大公益技术及产业共性技术研究开发与应用示范为重点，结合重大工程建设和重大装备开发，加强集成创新和引进消化吸收再创新，重点解决涉及全局性、跨行业、跨地区的重大技术问题，着力攻克一批关键技术，突破瓶颈制约，提升产业竞争力，为我国经济社会协调发展提供支撑。

国家科技支撑计划由科技部牵头负责，具体项目由有关部门、地方、企业等组织实施。根据任务的不同性质，采取不同支持方式和实施机制，对于具有明确产品导向和产业化前景的项目，建立产学研相结合的实施机制，积极引入和采用资本金注入、风险投资、后补助等投融资方式，加强对企业技术创新的引导和支持；对于应用目标明确的公益研究项目，由应用单位牵头，动员各方面的力量共同参与实施。

"十一五"期间，国家科技支撑计划重点在能源、资源、环境、农业、制造业、材料、交通运输业、信息产业与现代服务业、人口与健康、城镇化与城市发展、公共安全等 11 个领域进行部署，安排 30 项重大项目、170 项重点项目，着重支持四个方面的研究开发：一是攻克能源、资源、环境领域的关键技术，增加能源、矿产资源、水资源的供应，改善生态环境，提高能源资源的利用效率。二是加快农业技术全面升级，持续提高农业综合生产能力。三是攻克一批产业关键技术，提升产业核心竞争力。四是攻克一批重要的社会公益技术，为构建和谐社会提供技术支撑。

2.2.4　高技术研究发展计划（863 计划）

863 计划致力于解决事关国家长远发展和国家安全的战略性、前沿性和前瞻性高技术问题，发展具有自主知识产权的高技术，统筹高技术的集成和应用，引领未来新兴产业发展。863 计划坚持战略性、前瞻性、前沿性，统筹安排前沿技术的研究开发和集成应用，强调军民结合，统筹军民两用前沿技术的研发，打造和培育我国在重要技术领域的战略优势，为持续增强国家竞争力奠定重要基础。

结合重大专项的需求，"十一五"期间，863 计划在原有信息技术、生物和现代农业技术、新材料技术、先进制造与自动化技术、先进能源技术和资源环境技术等 6 个领域基础上，调整为信息技术、生物和医药技术、新材料技术、先进制造技术、先进能源技术、资源环境技术、海洋技术、现代农业技术、现代交通技术、地球观测与导航技术等 10 个高技术领域。拟安排 38 个重点研究专题，加强对前沿技术的探索研究，突破一批核心前沿技术；安排 29 个重大项目和一批重点项目，加强前沿技术的集成和创新，培育新的产业增长点，引领高技术产业与新兴产业发展。

2.2.5　政策引导类科技计划及专项

政策引导类科技计划及专项是通过积极营造政策环境，增强自主创新能力，推动企业成为技术创新主体，促进产学研结合，推进科技成果的应用示范、辐射推广和产业化发展，加速高新技术产业化，营造促进地方和区域可持续发展的政策环境，包括星火计划、火炬计划、技术创新引导工程、国家重点新产品计划、区域可持续发展促进行动、国家软科学研究计划等。

政策引导类科技计划以中央财政投入作为引导性经费，主要通过与财政、税收、金融和产业等政策性措施相结合，加快体制和机制创新，大力引导科技要素向广大农村、企业基层聚集，不断增强技术创新能力，有效地推动基层科技工作。

政策引导类科技计划的主要目标是面向企业自主创新，引导和推动以企业为主体、市场为导向、产学研结合的技术创新体系和创新服务体系的建设；面向新农村建设和区域协调发展，引导和推动面向农村的技术推广新机制和各具特色、优势的区域创新体系的建设；面向社会可持续协调发展，引导和推动建立集成有利于节能减排、生态环境友好、城镇综合协调发展、公众健康和区域可持续发展等先进模式，推动资源节约型、环境友好型社会以及和谐社会建设。

星火计划是以星火为旗帜，面向科技促进新农村建设，围绕"促进基层科技自主发展和引导科技要素深入基层"，统筹协同原星火计划、富民强县、农业科技成果转化、科技扶贫、三峡科技开发、农业科技园区、科技特派员等相关计划与工作。星火计划服务农民、农村企业、农村专业化合作组织，服务农村科技成果转化应用及其环境建设，服务县域，发展区域经济，促进农民增收和新农村建设。星火计划加强农村科技成果转化和应用、发展农村科技集成转移和扩散基地、开发农村实用科技人才资源、加强农村基层科技发展能力建设、加强农村科技服务网络建设。

火炬计划以火炬为旗帜，围绕"促进科技成果商品化，产业化和国际化"，统筹协同原火炬计划、生产力促进中心专项、国家大学科技园专项、技术转移专项、科技兴贸专项、国家高新区、高新技术产业化基地、产业化人才培训、高新技术产业国际化等相关计划和工作。火炬计划服务高新技术成果商品化、产业化和国际化以及环境建设，服务科技型企业、中小企业群体，服务高新技术产业园区和基地、产业化组织和科技中介机构，充分发挥国家计划引导、地方组织实施、市场配置资源的作用，集聚和激活高新技术产业化人才、技术和资本要素，促进高新技术产业发展和高新技术改造提升传统产业，促进经济结构调整和经济发展方式转化。火炬计划重点支持高新技术产业化项目示范、国家高新技术产业开发区和高新技术产业化基地建设、产业化组织和服务机构的能力建设、高新技术产业国际化等四项任务。

技术创新引导工程以促进企业成为技术创新的主体、提升企业核心竞争力为目标，主要任务是重点开展创新型企业试点工作、建立若干重点领域产学研战略联盟、建立企业研发机构和产业化基地、建立面向技术创新的公共服务平台。引导形成拥有自主知识产权、自主品牌和持续创新能力的示范性创新型企业；引导建立以企业为主体、市场为导向、产学研相结合的技术创新体系；引导增强战略产业的原始创新能力和重点领域的集成创新能力；探索促进企业成为技术创新主体的有效模式和途径。

国家重点新产品计划瞄准国家产业结构调整和经济增长方式转变的重大需求，在一些涉及国计民生的重大领域，加大对自主创新产品的支持力度，强化国家政策综合应用和引导，运用多种金融和财政手段，引导企业不断开发新产品。其主要任务是重点支持拥有自主知识产权、创新性强、技术含量高、采用国内外先进标准的新产品，以及产业化前景好，有望形成国内、国际自主知识品牌、增强企业国际竞争力的新产品。

区域可持续发展促进行动通过大力开展先进实用科技成果的技术集成创新、实验应用及推广示范，强调体制创新、机制创新和技术集成创新的结合，探索建立区域可持续发展模式，推动区域、地方的经济社会全面、协调、可持续发展。其主要任务是重点开展环境友好型社会建设、资源节约型社会建设、城镇绿色发展、促进公共健康和社区卫生、中医药区域优势发展及基地建设、生物遗传资源开发与保护、可持续发展综合实验示范等科技行动，为区域可持续发展提供决策支撑，为实现节能减排和生态友好提供支持，为城镇综合协调发展提供示范，为公众健康提供科技保障，为区域可持续发展提供模式。

国家软科学研究计划对科技、经济和社会发展的重大战略性、前瞻性和全局性问题进行研究，为科技决策和管理提供支撑。其主要任务是组织完成国务院、科技部交办的重大调研任务；围绕中长期规划实施和国民经济与社会发展的重大问题组织决策支持研究；为政府管理与决策科学化提供理论与方法；培育一批具有国际水平的软科学研究人才和研究基地。

2.2.6 科技基础条件平台建设计划

科技基础条件平台建设计划是对科技基础条件资源进行的战略重组和系统优化，促进全社会科技资源高效配置和综合利用，提高科技创新能力。科技基础条件平台建设任务是科技创新的必要条件和重要保障，通过增量带动和引导存量整合，以建立共享机制为核心，实施国家科技基础条件平台建设专项，加大支持力度，努力形成有利于自主创新的条件基础。科技基础条件平台建设专项由科技部、财政部会同国家发展改革委、教育部等组织实施。

"十一五"期间，按照"整合、共享、完善、提高"的方针，国家科技基础条件平台建设加强规划和顶层设计，通过择优新建、整合重组等方式，进一步完善布局，重点支持建设一批研究实验基地，围绕国家重大需求，突出新兴学科、交叉学科和空白领域，启动建设一批国家实验室，加强国家重点实验室、国家野外科学观测研究台站网络体系建设；建设基于科技条件资源信息化的数字科技平台，促进科学数据与文献资源共享；建设若干自然科技资源服务平台；建设国家标准、计量和检测技术体系等，为科技发展提供基础条件支撑。

2.2.7 其他专项

其他专项工作主要有国际科技合作计划、国家重点实验室、国家工程技术研究中心、科技型中小企业技术创新基金等。

2.3 我国科技计划管理模式（2015 年之前）

我国各类科技计划管理框架、管理体制和管理活动相对独立，具有各自的特点。例如，863 计划是按照领域、专题（或项目）、课题三个层次管理，国家支撑计划和 973 计划则是按照项目和课题两个层次管理，而星火计划、火炬计划等一般只设立项目一个管理层次。

科技项目管理一般是由项目办公室来具体组织实施，国家科技支撑计划项目管理主体是依靠行业部门，而 863 计划和 973 计划等主要由科技部有关单位进行管理。另外，在管理制度上，现行国家科技计划管理采用了不同的管理模式，差别较大。例如国际科技合作计划、软科学研究计划、星火计划和农业成果转化基金等通常都是由地方或部门组织并推荐申请，由科技部通过评审最终立项；而国家科技支撑计划主要依托各行政主管部门管理，863计划和973计划则主要依托专家管理。

当前的科技计划项目管理已初步明确了各类计划的定位、目标与任务，较为注重项目的前期组织论证与后期验收管理，而项目实施的"中期"过程管理并没有受到足够的重视。因此，国家对科技计划项目的管理体制进行了积极的探索和创新。例如，采用"课题制"管理，由课题负责人全面负责课题的组织和实施。课题组成员和所属单位可相对分离的机制，促进形成以市场为基础的人、财、物等资源优化配置的课题运行模式；重大专项探索了"业主制"管理模式，由具备法人资质的机构负责二级项目的组织实施管理；重大科技计划项目试行监理制管理，将科技项目监理作为非独立的"第三方"对项目实施进行管理；监理机构的确认采用"推荐负责制"，主要协助科技部对项目进行管理，部分职能上行使项目合同甲方的权利。采用监理制的国家科技项目有科技型中小企业技术创新基金和农业科技成果转化资金专项。

由于国家各种科技计划项目具有不同的特点，因此其管理模式也有比较大的差异性。以实施的863项目管理经验及做法为例：

"十五"期间，863计划共安排课题6000余项，其中主题课题近4000项，重大专项课题2000余项。课题承担单位主要是高校、科研院所和企业，承担课题数分别占38%、31%和28%，课题经费分别占27%、30%和40%。课题共申请专利2万余项，其中发明专利1.7万项；获得专利授权6000多项，其中发明专利3500项；制定国家和行业技术标准1800多项，其中TD-SCDMA、信息安全、电动汽车等技术标准研制工作取得重要成果；发布论文7万余篇；培养研究生5万余人；

参加 863 计划研究工作的科技人员先后达到约 10 万人，参加单位数千家。

863 计划围绕关键技术、创新技术和核心技术的实施，获得了一大批自主知识产权高技术成果，造就了一大批创业人才和创新团队，推动了我国高技术及其产业的迅速发展，并在管理机制上不断探索创新，逐步建立了以竞争机制、激励机制、评价机制和监督机制为核心的运行管理机制。如实行课题的同行评议制，部分项目公开招标；重大专项实行监理制，及时对重大专项的进度、技术指标和财务指标进行跟踪；加强项目立项中的财务评估，开展第三方评估和第三方监理等。

从"十五"期间 863 计划的管理经验来看，虽然在管理机制上开展了很多方面的创新和改革，取得了良好的效果。但是在课题遴选、过程管理和评估等方面仍然存在需要改进的方面：需要培养有信誉的负责第三方管理、评估的中介服务机构，在加强专业性评估、监理的同时，进一步加强项目的公开性，增加参与项目评审和评估工作专家的广泛性和代表性。即在提高效率的前提下，不断进行管理机制创新和探索。

2.4 我国科技计划管理改革（2015 年之后）

2014 年 12 月，国务院印发《关于深化中央财政科技计划（专项、基金等）管理改革的方案》，开启了我国新一轮的科技计划管理改革。此次改革将国家原本的各类科技计划（专项、基金等）整合形成五大类科技计划（专项、基金等），即国家自然科学基金、国家科技重大专项、国家重点研发计划、技术创新引导专项（基金）、基地和人才专项（图6）。其中最重大的改革举措是将科技部管理的国家重点基础研究发展计划（973 计划）、国家高技术研究发展计划（863 计划）、国家科技

支撑计划、国际科技合作与交流专项，发展改革委、工业和信息化部
管理的产业技术研究与开发资金等整合形成国家重点研发计划。新设
立的国家重点研发计划，瞄准国民经济和社会发展各主要领域的重大、
核心、关键科技问题，以重点专项的方式，从基础前沿、重大共性关
键技术到应用示范进行全链条设计，一体化组织实施，使其中的基础
前沿研发活动具有更明确的需求导向和产业化方向，加速了基础前沿
最新成果对创新下游的渗透和引领。至 2016 年初，随着国家重点研发
计划首批重点专项指南的发布，作为国家科技计划管理改革重中之重
的国家重点研发计划正式启动实施，改革工作向前迈出了具有决定性
意义的一大步。

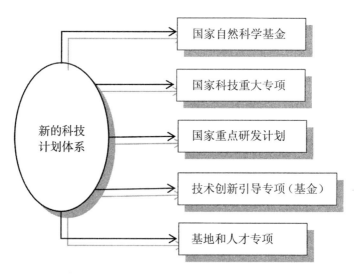

图 6　国家科技计划新体系

当前，国家科技计划管理已建立了新的公开统一的组织管理机制和
科技管理平台，通过召开部际联席会议等机制商议大事，建立战略咨询

和综合评审委员会为联席会议提供决策咨询（图7）。2015年，在国家新的科技计划管理体系改革之前，国家科技规划、科技计划的制定和管理部门为国务院直属的科学技术部，除国家自然科学基金外，其余的科技计划均由科技部牵头组织实施。2015年科技计划管理改革之际，《关于深化中央财政科技计划（专项、基金等）管理改革的方案》指出，政府各部门不再直接管资金分配和具体项目，而是要管宏观、管规划、管政策、管布局、管监管，科技计划项目申请、评审、立项、过程管理以及结题验收等工作将依托专业机构管理。随着科技体制和事业单位分类改革的深化，未来专业机构不是政府一手包办，而是逐步市场化、社会化（图8）。

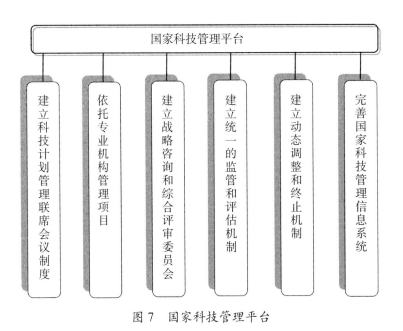

图7 国家科技管理平台

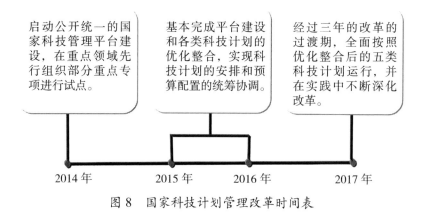

启动公开统一的国家科技管理平台建设，在重点领域先行组织部分重点专项进行试点。

基本完成平台建设和各类科技计划的优化整合，实现科技计划的安排和预算配置的统筹协调。

经过三年的改革的过渡期，全面按照优化整合后的五类科技计划运行，并在实践中不断深化改革。

2014 年　　　　2015 年　　2016 年　　　　2017 年

图 8　国家科技计划管理改革时间表

2.4.1　广东省科技计划管理改革

（1）科技计划体系

2013 年，广东省科技厅积极实施省级科技业务管理"阳光再造行动"，重新设立"五大专项资金"，打造"一个平台"，建立"五项管理机制"，调整内设机构和职能分工，初步搭建起结构合理、定位清晰、布局均衡、权责明确的科技业务管理架构。2016 年，为贯彻落实《关于深化中央财政科技计划（专项、基金等）管理改革的方案》，广东省政府研究出台了《关于深化广东省级财政科技计划（专项、基金等）管理改革的实施方案》（以下简称《实施方案》）。该方案的出台，将国家层面的科技体制改革最新理念融入广东，也将广东省"阳光再造行动"进一步引向深入。

《实施方案》出台前，广东省已将原有的 16 个科技专项计划按照创新链关键环节整合为 5 大专项，并提出对基础公益性研究项目和企业技术创新项目进行分类支持的做法。此举与国家在国家科技计划管理改革方案的要求相一致。《实施方案》出台后，广东将原先五大专项资金和科技奖励资金、企业研究开发资金、高新技术企业培育资金、应用型科技研发等合并为一个专项资金，即省级"科技发展专项资金"。"科技发展专项资金"主要支持5个方面的核心技术攻关和科研环境建设——基础与应用基础研究、公益研究与能力建设、前沿与关键技术创新、产业技术创新与科技金融结合，协同创新与平台环境建设。

为配合专项资金的整合优化，广东省在科技计划设置上，在9大重点战略领域组织实施了一批重大科技专项，在重点科技工作领域调整设置一批科技专题计划。

9大领域为计算与通信集成芯片、移动互联关键技术与器件、云计算与大数据管理技术、新型印刷显示技术与材料、可见光通信技术及标准光组件、智能机器人、新能源汽车电池与动力系统、干细胞与组织工程、增材制造（3D打印）技术。

重点科技工作领域包括：自然科学基金专题（含省自然科学基金和国家——省联合基金），科研机构改革创新专题（含省属科研机构、主体科研机构、新型研发机构与企业研发机构建设等），科技基础条件建设专题（含大型仪器设备共享、重点实验室、大型科学装置等），工业、农业、科技服务业、社会民生、生态文明等公益研究、共性技术攻关与技术开发专题，软科学研究专题，产学研多主体协同创新与国际科技合作提升专题，企业创新能力提升与服务专题（含高新技术企业培育、企业创新政策推广、科技型中小企业技术创新、科技金融结合等），孵化育成体系与产业创新集群建设专题（含科技企业孵化器、高新区、专业镇建设等），技术交易体系与科技服务网络建设专题，区域协调发展专题（含粤东西北市县能力建设、可持续发展试验区、农业园区、援疆、援藏、对口扶贫等），创新创业环境营造专题（包括科技人才服务、科普开发推广、创新创业大赛等）。

（2）科技计划管理

建立科学的决策咨询机制、发挥第三方专业机构作用。参照国家《改革方案》在科技计划管理机制上创新建立一个决策平台（联席会议制度）、三大运行支柱（专业机构、战略咨询与综合评审委员会、统一的评估和监管机制）和一套管理系统（国家科技管理信息系统）的做法，广东省科技计划管理的《实施方案》提出要建立完善"两个机构、两个机制"并充分发挥其作用。其中，"两个机构"为广东省科技教育领导小组和第三方专业机构，"两个机制"为科技战略咨询与综合评价工作机制、评估监督和动态调整机制。

首先，广东省科技教育领导小组在科技计划规划布局中起决策作用。由科技、教育领域的各主要部门参加，是该领域省级议事协调机构。围绕全省科技发展重大战略任务、行业和区域发展需要，通过领导小组建立各部门共同参与、共同决策的议事机制，形成全省统筹协调省级科技计划管理合力。同时，根据省科技计划管理工作的需求，提出扩大省科技教育领导小组成员范围，在原有单位的基础上增加省金融办、省国土厅、省住建厅、省统计局等部门，使科技计划管理决策过程能够吸收更多相关部门的有益建议，使规划布局更加科学合理。

其次，第三方专业机构在科技计划项目管理服务工作中起支撑作用。以"公开招标"的方式遴选具有一定资格的机构，以"委托购买"的形式，将项目评审等事务性工作委托其承担，积极探索委托专业机构管理科技计划项目的创新机制，保持改革的领先地位。

第三，科技战略咨询与综合评价工作机制在科技计划咨询决策中起参考作用。设立战略咨询与综合评审委员会，招揽科技界、产业界和经济界高层次专家成为科技计划管理"智库"，听取其在科技发展战略、规划、重大任务和重大科技创新方向的选择等方面的咨询意见，共同出谋划策，为科技计划项目的布局与选择提供决策参考。

最后，建立评估监督和动态调整机制。自实施"阳光再造行动"以来，为不断健全权力约束机制，不断完善项目监管体系，广东省科技厅陆续出台了《省财政科技支出绩效评价的实施细则（试行）》《省科技计划信用的管理办法（试行）》等制度文件，并以此为基础，继续完善科技计划监管体系，建立动态调整机制，加强信用建设，保证监管功能的有效发挥。

改变财政投入方式。之前，广东省级财政科技资金的投入方式以评审立项、无偿资助为主，过于传统单一，不能适应创新驱动发展的需求。新的《实施方案》提出对财政投入方式进行改革创新，建立层次分明的分类支持机制：

对竞争性资金进一步加强规范管理，提高竞争性资金的使用绩效。对基础公益性研究、机构和平台建设进行无偿资助、开展项目库管理，对基础性、长期性科技项目进行收集储备、分类筛选、评审论证、排序择优和预算编制，作为项目滚动实施或分期实施的基础。对企业科技投入加强普惠性投入引导，设立企业研发费后补助、高新技术企业培育补助、科技企业孵化器后补助、创新券后补助、科技保险补助等绩效目标明确、补助标准统一的普惠性专项资金，对企业技术创新和成果转化项目采取以科技金融为主的引导性投入，带动创投、信贷、保险等社会资本共同投入科技产业，利用市场化机制筛选项目、评价技术、转化成果。

完善科技计划项目管理信息系统建设。建立"广东省科技业务管理阳光政务平台"，基本实现了从计划编制到业务受理、评审、立项审批、合同签订、执行管理、变更管理、结题验收等全流程一站式管理。推行双盲评审，设计智能分组功能和服务，规范了专家信息管理。设计多级数据对接服务：纵向上，与国家相关科技业务平台实现对接服务，与地市相关系统实现对接服务；横向上，与省级专项资金管理平台实现有效衔接，每一级科技行政部门的系统要与其同级政府部门相关系统实现对接服务。同时，还要与科技行政部门内部的短信平台、邮箱系统等实现对接服务。实行全程"留痕"管理，启用录音和视频拍摄服务，并将有关资料上传到阳光政务平台，长期保留平台所有处理行为和信息"痕迹"。

建设科技报告系统。广东省已初步搭建了省科技报告体系的总体框架、体制机制、管理平台，旨在开发广东省科技报告服务系统，实现编写、审核和共享服务功能，嵌入阳光政务平台，对接国家科技报告服务系统，提供开放、实时、在线的科技报告共享服务。将科技报告工作纳入科技计划（专项、基金等）的项目立项、过程管理、验收结题等管理程序，并按照科技报告管理程序，指导、督促项目（课题）承担单位按要求开展科技报告工作。

2.4.2　浙江省科技计划管理改革

（1）科技计划体系

浙江省《深化省级财政科技计划（专项、基金）管理改革方案》提出，浙江省科技计划围绕知识创新、技术创新、转化应用、环境建设4个创新链环节，在优化省级财政科技资金配置的基础上，设立基础公益研究（含省自然科学基金）、重点研发、技术创新引导、创新基地和人才4类省级科技计划（专项、基金等），形成财政专项资金与科技创新活动高度契合的新型科技计划体系（图9）。

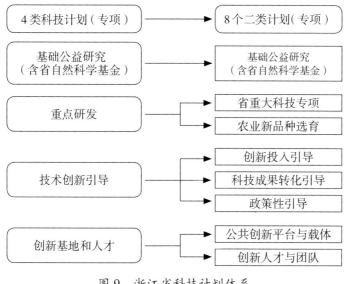

图 9　浙江省科技计划体系

（2）科技计划管理

改进科技计划分配方式。浙江省科技计划管理改革以改进科技计划分配方式为亮点，依照各类科技计划的不同性质引入竞争性分配、因素法分配、政府购买服务以及以市场机制为导向引导社会资本设立基金四种科技计划分配方式（图 10）。

对于浙江省立项安排财政资金的科技计划项目，采用竞争性分配方式，以加强科技计划项目立项过程的公开性、透明性。并尝试将科技计划项目的组织管理委托第三方专业机构进行，逐渐转变政府的科技管理职能。

对协同创新引导类科技计划实行因素法分配。按照各市县不同的科技资源因素，分别设置有区别的工作导向和绩效评定，充分发挥市县科技工作的能动性。

对于可以采取政府购买服务的科技类公共项目实行政府购买服务，

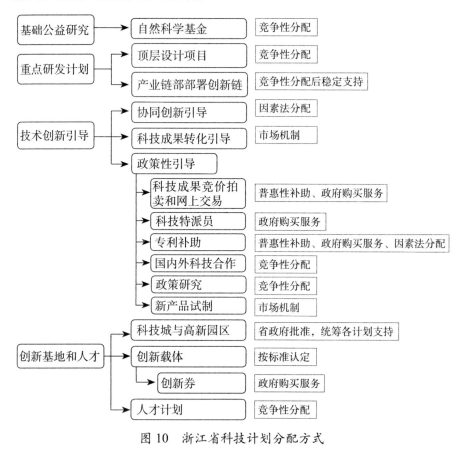

梳理可以采取政府购买服务的事项，以公开、公平、公正为原则，通过公开招标、邀请招标、竞争性谈判、单一来源、询价等方式完善政府向社会购买科技服务的机制。

图 10　浙江省科技计划分配方式

对于科技成果转化和科技创业等计划项目，将"项目直补"改革为"基金引导"方式，鼓励市县设立引导基金，同时发挥市场机制的导向作用，引导社会资本、风险资本设立投资子基金或科技成果转化投资子基金，对科技成果转化和科技创业类项目进行股权投资。

转变政府科技管理职能。把握全球科技和产业变革趋势，遵循科学研究、技术创新和成果转化规律，推进职能转变，强化顶层设计，加强统筹协调，实行分类管理，处理好省市县、部门，以及高等学校、科研院所与企业，大企业与小企业，竞争性领域与公共领域等之间的关系，充分发挥好财政科技投入的引导激励作用和市场配置各类创新要素的导向作用，行业主管部门在创新需求凝练、任务组织实施、成果推广应用等方面的作用，科技专家、企业家和第三方专业机构在指南设置、项目评审、过程管理和绩效评价等方面的作用，进一步健全政府科技创新治理体系，完善重点研发计划项目部门集中评审等制度，推进研发管理向创新服务转变。

统一科技管理信息平台。依托科技云平台，完善现有省级各类科技计划（专项、基金等）科研项目数据库，按照统一的数据结构、接口标准和信息安全规范，建立健全对接市县、省级部门科技项目数据库和国家科技管理信息系统的，互联互通、开放共享的科技计划（专项、基金等）项目数据管理信息系统，实行科技计划需求征集、指南发布、项目申报、评审立项、预算安排、监督检查、项目验收等全过程实时管理，实现项目管理痕迹化、可申诉、可查询、可追溯。

完善科技计划项目和经费管理制度。完善科技计划（专项、基金等）项目指南编制发布、项目申报、立项评审、合同管理、实施监管和项目验收等主要环节的管理细则或操作规程，提高项目管理的制度化、规范化、精细化水平。完善省财政科技专项资金管理办法，明确科技项目、资金管理和执行各方的职责，强化主体责任和监督评估，确保专款专用，加快建立既能有效防范资金风险又能充分发挥资金效益的科技项目经费管理制度。探索建立科研信用标准和科研诚信评价指标体系，完善财政科技资金使用的绩效考核制度。

2.4.3　重庆市科技计划管理改革

（1）科技计划体系

重庆市科技计划管理改革从科研开发活动和为"大众创业、万众创新"提供支撑服务两个层面布局科技计划体系，按照"计划＋专项＋项目"的方式组织实施。设置科技研发和科技平台2大类计划，共7类专项（图11）。科技研发计划设置基础与前沿研究、决策咨询与管理创新研究、社会民生科技创新3类公益性专项，以及重点产业共性关键技术创新、企业自主创新引导2类市场性专项。科技平台计划按照开放共享、协同创新的方针，遵循企业主体、政府引导、市场运作的原则，设置科技研发平台和科技服务平台2类专项。

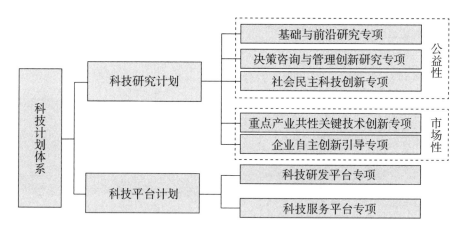

图 11　重庆市科技计划体系

（2）科技计划管理

科技计划采用不同支持方式。与浙江省相似，重庆市科技计划分配与支持方式也依据科技计划的不同作用与性质有所区别与改进，与浙江省不同的是，除了引入竞争性支持方式以外，还引入了"前期启动、分期拨款"稳定性支持方式、前期引导与基于绩效评价的后补助相结合的支持方式以及"总量控制、分档支持"支持方式。

其中，基础与前沿研究专项、决策咨询与管理创新研究专项，分别聚焦市级产业发展的基础前沿关键问题和优势学科发展方向开展基础研究和前沿技术探索；围绕市级经济社会发展战略规划、政策制度、体制机制等决策需求开展管理创新、服务创新、技术预见与政策设计等研究，这两类专项计划采取竞争性分配方式予以支持。

以应用为导向的社会民生科技创新专项，按领域设计主题专项，由重点项目组成项目群，成熟一个、启动一个，资助经费实行总额控制，根据年度任务采取"前期启动、分期拨款"的稳定支持方式。

以任务为导向的重点产业共性关键技术创新专项，按产业设计主题专项，同样由重点项目组成项目群，资助经费实行总额控制，采取政府前期引导与基于绩效评价的后补助相结合的支持方式。在拨付了占专项资助经费总额30%的前期引导经费后，依据专项技术指标完成情况和成果推广应用情况拨付后续资金。

以市场为导向的企业自主创新引导专项，按照"总量控制、分档支持"的方式予以支持。

科技计划实行分类管理。按照不同类别科技计划的专项属性建立分类管理机制，将科技计划分为公益性专项、重点产业共性关键技术创新专项、企业自主创新引导专项、科技研发平台专项和科技服务平台专项采取不同的管理方式（表2）。

表 2　重庆市科技计划分类管理方式

计划类别	管理方式
公益性专项（包括基础与前沿研究专项、决策咨询与管理创新研究专项、社会民生科技创新专项）	需求导向、公开（定向）申报、立项评审（论证）、绩效评估、目标验收、事前购买、包干使用、滚动实施
重点产业共性关键技术创新专项	需求导向、政府引导、定向申报、立项论证、目标验收、分期拨款、费用包干
企业自主创新引导专项	自愿申报、认定奖励
科技研发平台专项	需求导向、政府引导、市场运作、评估认定、投补结合
科技服务平台专项	需求导向、政府引导、政企分开、分类管理、评估认定、投补结合、开放共享、绩效评价、运行补助

专项主题采取动态调整机制。对于社会民生科技创新专项和重点产业共性关键技术创新专项，引入"主题"概念，分别根据专项所属的领域和产业设计主题，以主题为依据由重点项目组成项目群。在项目经费的拨付上采取分档拨付，对项目实施过程实行定期评估，实施效果不好的，按程序及时进行调整，评估结果认为确实没有必要继续实施，或目标难以实现的，可以予以终止。

改进科技计划项目资金管理。为提高资源配置效率，在健全科研经费预算评估评审的沟通反馈机制基础上，对不同专项实行不同的资金配置与管理方式。公益性专项项目实行预算控制、政府购买、包干使用的管理原则，市场性专项项目实行总量控制、前期引导、事后补助、包干使用管理原则。

建立科技计划信用记录制度。在科技计划项目的申报、立项、实施、结题等各个环节中，对项目执行或者参与的相关责任主体客观地进行科研不端与失信行为的记录，依据记录进行信用评级，按信用评级结果实行分类管理。同时，建立"黑名单"制度，将严重不良信用记录者记入"黑名单"，阶段性或永久取消其申请财政资助项目或参与项目管理的资格。

建立科技报告制度。响应国家科技计划管理改革号召，对财政资金支持的科技计划项目，项目承担者按规定提交科技报告。科技报告采取项目执行报告、阶段性重大成果（重要进展）报告、结题报告等形式，定期报告项目的实施过程、进展与突破、项目绩效等情况。科技报告按照"分类管理、受控使用"的原则向社会开放，并以科技报告提交和共享情况作为对项目承担单位和承担者后续支持的重要依据。

3 山西省科技计划（专项、基金等）管理改革

党的十八大提出要实施创新驱动发展战略，强调科技创新是提高社会生产力和综合国力的战略支撑，必须摆在国家发展全局的核心位置。十八届三中全会提出全面深化科技体制改革，有效消除我国各类科技计划存在的重复、分散、封闭、低效等现象，解决科技计划管理中存在的多头申报、资源配置"碎片化"等问题。2014 年 12 月，国务院印发《关于深化中央财政科技计划（专项、基金等）管理改革方案》，提出了中央科技计划管理改革的方向、路径和要求。与此同时，在科技体制改革方面也出台了一系列政策措施，包括《深化体制机制改革加快实施创新驱动发展战略的若干意见》和《大力推进大众创业万众创新若干政策措施的意见》等。

为贯彻落实党中央国务院的改革精神，深入实施创新驱动发展战略，山西省制定出台了《关于山西省深化省级财政科技计划（专项、基金等）管理改革方案》，启动了全省科技计划管理改革工作。经过三年的努力，基本构建了总体布局合理、功能定位清晰的山西省科技计划（专项、基金等）体系，形成了公开透明的组织管理运行机制。

3.1 山西省科技计划体系发展历程

随着我国社会主义市场经济体系建立，山西省科技事业为适应社会主义市场经济发展需要，不断克服计划经济管理的影响，推动产学研

结合，促进企业成为科技发展的主体，逐步建立了新的科技计划管理体系，开展了以科技进步和创新加快新型工业化进程、农业综合生产能力和区域经济竞争力提升等工作，全省新型科技体制逐步形成。

3.1.1 "十五"前科技计划体系

山西省1986年以前没有设置明确的科技计划，主要是针对具体科技需求组织科研项目。从1986年起，随着山西省科技事业的发展，科技计划也根据不同时期发展规划的目标和工作实际进行了动态管理和调整，设立了相对规范的科技计划体系。在原有的山西省科技发展计划基础上，于1986年设立了山西省星火计划，1987年设立了山西省软科学研究计划、山西省自然科学基金，1989年设立了山西省火炬计划，1991年设立了山西省青年基金和山西省科技成果推广计划。"八五"期间，山西省科技计划主要有6个类别：山西省攻关计划、山西省自然科学基金与山西省青年基金、山西省星火计划、山西省火炬计划、山西省科技成果推广计划、山西省软科学研究计划。

"九五"期间，1999年设立了山西省国家科技合作计划。"九五"末山西省科技计划增加到7个类别。

3.1.2 "十五"期间科技计划体系

"十五"期间，山西省科技计划工作在参照国家科技计划体系设置的基础上，结合山西科技工作实际需要，初步形成了较为完善的科技计划体系。2005年设立了山西省科技基础条件平台计划，总体计划包括8个类别：山西省基础研究计划（自然基金、青年基金）、山西省科学技术发展计划、山西省软科学研究计划、山西省科技基础条件平台建设计划、山西省国际合作计划、山西省火炬计划、山西省星火计划、山西省科技成果推广计划。

3.1.3 "十一五"期间科技计划体系

"十一五"期间，为进一步推进《山西省"十一五"科学和技术发展规划》的实施，山西省科技厅按照"要把自主创新作为全省科技工作的中心任务，明确战略重点，抓住关键技术，启动重大科技专项，重视集成创新，强化引进技术的消化吸收，大力提高原始创新、集成创新和引进技术再创新的能力，走具有山西特色的自主创新之路"的要求，结合科技发展趋势和我省产业技术需求，按照"强化应用、重点突破"的原则，依托优势科技资源，创新科技组织体制和科技资源配置方式，加大科技创新力度，集中力量在洁净煤技术、新材料技术、先进制造技术、生物技术等关键领域取得突破，为优势产业做大做强提供强有力的技术支撑。

山西省科技厅对全省科技计划体系设置进行了调整，在"十五"科技计划体系总体不变的情况下，于 2007 年设立了"山西省科技创新计划"。"十一五"期间的山西省科技计划有 9 个类别：山西省基础研究计划（自然基金、青年基金）、山西省科学技术发展计划（工业、农业和社会发展）、山西省软科学研究计划、山西省科技创新计划、山西省科技基础条件平台建设计划、山西省国际合作计划、山西省火炬计划、山西省星火计划、山西省科技成果推广计划。

3.1.4 "十二五"期间科技计划体系

2011 年，为认真贯彻落实十七届五中全会精神、中央经济工作会议精神，围绕《山西省"十二五"科学和技术发展规划》的工作部署，加快实施建设创新型山西，支撑全省发展方式转变和经济结构调整，着力突破核心关键技术，加快培育战略性新兴产业，为山西省"转型综改"战略的实施提供有力的科技支撑。

"十二五"前四年，山西省科技计划体系延续旧的科技体制，并于2011年设立了山西省重大科技专项。"十二五"期间山西省科技计划包括10大类：山西省基础研究计划（自然基金、青年基金）、山西省科学技术发展计划（工业、农业和社会发展）、山西省软科学研究计划、山西省科技创新计划、山西省重大科技专项、山西省科技基础条件平台建设计划、山西省国际合作计划、山西省火炬计划、山西省星火计划、山西省科技成果推广计划。与原有的科技计划体系相比，新的科技计划体系更加突出战略重点，着力增强自主创新能力，新设立了重大科技专项。实施一批重大科技专项，主要目的是集成全社会科技资源，解决全省经济和社会发展重点领域的关键共性技术和制约发展的重大瓶颈问题，力争取得自主知识产权核心技术突破，并加快实现产业化，努力提升全省优势、特色产业核心竞争力，加快培育战略性新兴产业，为全省经济社会又好又快发展提供科技支撑。

2015年，新一轮改革过渡阶段的计划体系。由于2015年国家计划体系开始改革，山西省根据相关政策也进行了调整。该计划体系仅运行一年，共设立八大类计划：山西省低碳创新重大专项、山西省科技攻关计划（重点项目、面上项目）、山西省科技成果转化与推广计划（火炬、星火、科技惠民、首台套新产品、中小微、专利推广实施资助项目）、山西省国际科技合作计划、山西省创新团队、山西省科技基础条件平台建设、山西省基础研究计划、山西省软科学研究计划。

纵观山西省科技计划的发展历程，先后设立30多个科技计划、专项和基金等，支持了大量科研项目，取得了一批重大科研成果，有力支撑了现代化建设事业。但随着新科技革命、产业变革和经济社会快速发展，科技计划和项目管理的问题开始突显，既有全国普遍存在的共性问题，也有比较突出的个性问题。集中表现在四个方面：一是资源配置"碎片化"。涉及 30 多个计划，15 个部门和单位管理，顶层设计、统筹协调不够。二是未能聚焦战略目标需求。项目众多、目标发散。三是重复、分散、封闭、低效。多头申报项目，重复资助。四是科研项目和资金管理须进一步适应创新规律。为了有效解决这些问题，山西省委、省政府决定贯彻党中央指示精神，启动新一轮科技计划管理改革。

3.2　山西省科技计划管理改革探索

2014 年 12 月，国发〔2014〕64 号文中央财政科技计划（专项、基金等）管理改革方案印发后，省委、省政府主要领导高度重视，要求尽快提出我省改革方案。按照省政府指示精神，省科技厅会同省财政厅、省发改委，研究起草了《山西省深化省级财政科技计划（专项、基金等）管理改革方案》（以下简称《改革方案》）。经过半年多的研究讨论、考察调研、专家论证、征求意见、合法性审查、修改完善等大量的工作，

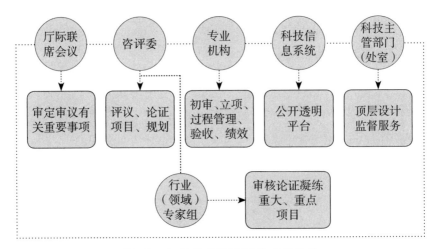

图 12　山西省科技计划管理新体系

2015年8月4日省政府第92次常务会议审议通过，8月24日正式印发。按照2015年试点、2016年过渡、2017年全面实施"三步走"的方式组织实施，于2017年基本结束，构建了总体布局合理、功能定位清晰的山西省科技计划（专项、基金等）体系，形成了公开透明的组织管理运行机制（图12）。

3.2.1　总体目标

充分发挥科技计划在促进经济社会发展中的战略支撑作用。聚焦重大战略任务、符合科技创新规律、高效配置科技资源、科技经济紧密结合、激发科技人员创新热情。统筹科技资源，加强部门功能性分工，建立公开统一的科技管理平台。构建总体布局合理、功能定位清晰的科技计划（专项、基金等）体系。建立职责规范、科学高效、公开透明的管理制度和组织机制（图13）。

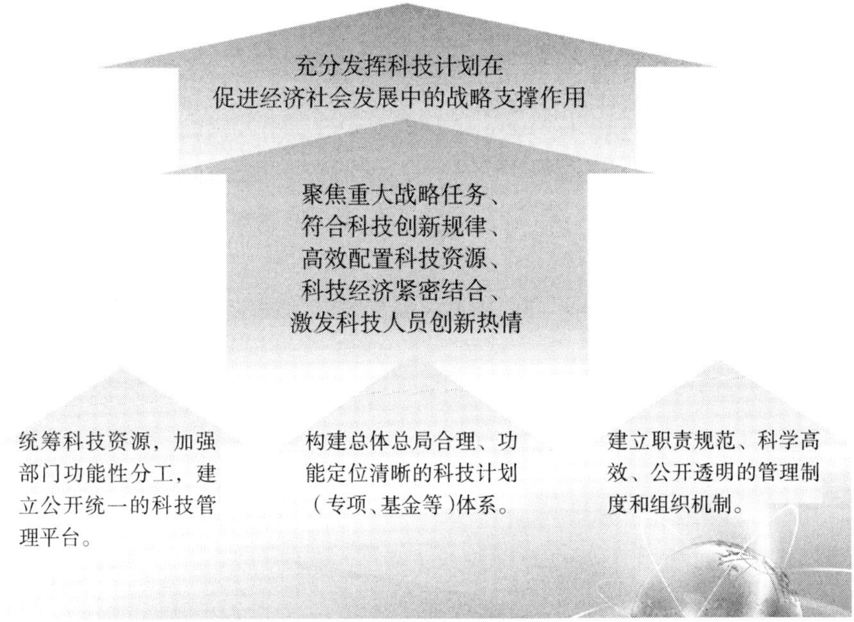

图13　山西省科技计划管理改革总体目标

3.2.2 重点改革

建立全省公开统一的科技管理平台，主要解决统筹协调问题。重构山西省科技计划（专项、基金等）体系，主要解决资源配置"碎片化"问题。围绕重点任务一体化配置资源，主要解决科研项目聚焦问题。建立专业机构管理具体项目的新机制，主要解决政府职能转变和专业化、科学化管理问题。

（1）建立公开统一的科技管理平台

科技管理平台包括科技计划（专项、基金等）管理厅际联席会议制度、战略咨询与综合评审委员会、项目管理专业机构、评估监管机制、动态调整机制和科技管理信息系统（图14）。

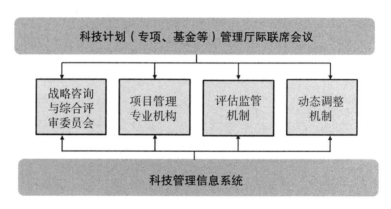

图 14　山西省科技管理平台

①厅际联席会议制度

组织构成：省科技厅、省财政厅、省发改委、省经信委、省教育厅、省人社厅、省农业厅、省林业厅、省水利厅、省卫计委、省国防科工办、省中小企业局、省农机局、省委人才办和省留学生办 15 个部门。其中，省科技厅为召集人单位，省财政厅、省发改委为副召集人单位。各部门需明确成员和联络员。下设联席会议办公室（省科技厅）和8个行业协调办公室（省财政厅、省发改委、省经信委、省教育厅、省人社厅、省农业厅、省卫计委、省科技厅）（图15）。

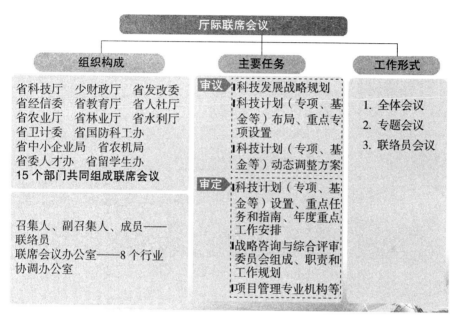

图15　山西省科技计划管理厅际联席会议

主要职责：审议科技发展战略规划、科技计划（专项、基金等）布局、重点专项设置、动态调整方案，审定科技计划（专项、基金等）设置、重点任务和指南，年度重点工作安排，战略咨询与综合评审委员会组成、职责和工作规则，项目管理专业机构等。

工作形式：全体会议、专题会议和联络员会议。

目前，厅际联席会议制度已经正式建立，厅际联席全体会议、专题会议和联络员会议已陆续召开，并稳定运行。

②战略咨询与综合评审委员会

组成成员：由科技、产业和经济界高层次专家组成，分为成员和特邀委员。主任委员由院士担任，副主任委员由中科院山西煤化所所长、太原理工大学校长、山西大学校长担任。成员 21 名，特邀委员若干名（图 16）。

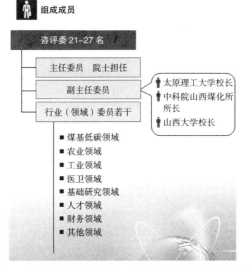

图 16　山西省科技计划战略咨询与综合评审委员会

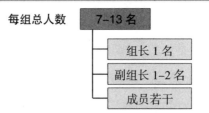

图 17　山西省科技计划战略咨询与综合评审委员会行业（领域）专家组

按照行业领域划分，下设 8 个行业（领域）专家组。设组长 1 名，副组长 1—2 名，成员 5—10 名。组长、副组长由咨评委行业（领域）专家兼任（图 17）。

咨评委成员、特邀委员及行业（领域）专家组成员由厅际联席会议审议确定，实行定期轮换制度。

主要职责：对科技发展战略规划提出咨询评议意见。对科技计划（专项、基金等）布局、重点任务和指南、重点专项设置及具体项目、动态调整等提出咨询评议意见。对制定项目评审规则、建设科技项目评审专家库、规范专业机构项目评审等提出意见和建议。接受联席会议委托，对特别重大的科技项目组织开展评审、检查、验收等，以及完成联席会议委托的其他咨询评议事项。

目前，咨评委及行业（领域）专家组已正式成立，并组织召开了全体会议。咨评委成员 21 名、特邀委员 40 名，共计 61 名；主任委员由王一德院士担任，特邀主任委员由金智新院士和齐让主任担任，副主任委员由中科院山西煤化所所长、太原理工大学校长、山西大学校长担任。8 个行业（领域）专家组，累计涉及专家 74 名；其中，咨评委委员兼任 28 人，新聘专家 46 人。咨评委及行业（领域）专家组已正常开展工作，为 2017 年以来科技重大专项项目、重点研发计划重点项目凝练和科技计划项目立项提出咨询评议意见。

③项目管理专业机构

遴选方式：当前对现有符合条件的科研管理类事业单位进行改造。今后逐步吸收社会化专业服务机构参与竞争；建立理事会、监事会，健全法人治理结构，实行开放式管理。

确定程序：由厅际联席会议遴选，择优确定。

主要任务：按照厅际联席会议确定的任务，接受委托开展工作。受理项目申请（逐步实现通过科技管理信息系统网上统一受理），组织项目评审、立项、过程管理和结题验收等，对项目实现目标负责。

目前，首批认定了省科学技术交流中心、省科技成果转化中心、省产业技术发展研究中心、省农村技术开发中心、省高等院校科技发展中心和省林业技术发展中心6家项目管理专业机构。6家机构已开始承担项目立项、过程管理等工作。

④评估监管和动态调整机制

组织实施主体：科技部门、财政部门会同有关部门。

主要任务：对科技计划实施绩效、咨评委和专业机构履职尽责等情况进行评估评价和监督检查；根据绩效评估和监督检查结果提出动态调整意见，经联席会议审议后按程序报批；对科技计划执行情况和资金管理使用进行审计监督，实行"黑名单"制度和责任倒查机制，并依法查处，向社会公开。

目前，科技计划监督和评估机制已经建立，正式印发了《山西省科技计划（专项、基金等）监督和评估办法（试行）》。委托科技部评估中心和省社科院联合对科技计划管理改革完成了第三方评估。

⑤科技管理综合信息系统

主要组成：科技计划管理信息平台、科技成果转化和知识产权交易信息平台、科技资源开放共享服务平台、科技报告信息平台和高新技术企业申报认定信息平台（图18）。

功能特点：信息系统是公开统一的科技管理平台正常运转的基础和支撑，各类科技计划项目数据信息将按照统一的标准和规范接入系统，建成全省统一的科技管理信息系统。

建成集科技计划管理、成果转化、资源开放、科技报告和高新技术企业认定五大平台为一体的科技管理综合信息系统。其中，科技计划管理信息综合服务平台开发了多个数据库及项目查重系统，实现了与原数据库对接，实现了科技计划项目的线上申报、形式审查、在线评审、网络签订合同、中期检查、结题验收等全链条管理。配套开发了科技资源开放共享管理服务平台、科技成果转化和知识产权交易信息平台、科技报告信息平台、高新技术企业管理服务平台等4个专业服务平台，实现了大数据、大融合、大科技。

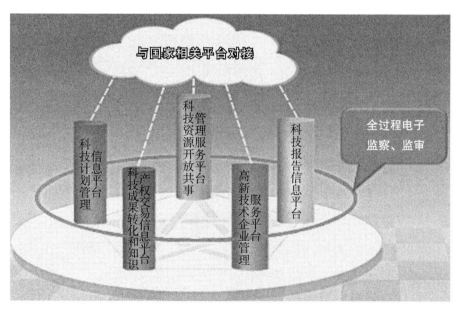

图 18　山西省科技管理综合信息系统

（2）优化整合科技计划（专项、基金等）

根据山西省战略要求政府科技管理职能和科技创新规律，优化整合省级财政所有实行公开竞争方式的科技计划（专项、基金等），不包括对省级科研机构和高校实行稳定支持的专项资金。通过撤、并、转

的方式，将过去 15 个厅局组织实施的 33 类科技计划（专项、基金等），
整合形成五大类科技计划（专项、基金等）（图 19）。

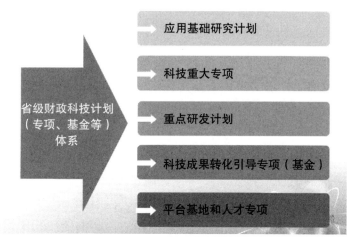

图 19　山西省五大类科技计划体系

①五大类科技计划（专项、基金等）体系

设立应用基础研究计划。重点支持重大专项、重点研发计划项目所
需要的应用基础研究；支持支撑应用基础前沿学科、交叉学科的探索等。

设立科技重大专项。围绕煤炭产业"清洁、安全、低碳、高效"发
展迫切需要解决的重大技术基础问题，以及围绕产业发展转型升级迫
切需要解决的重大科技问题设立科技重大专项，开展联合攻关，为产
业创新发展提供支撑。

整合设立重点研发计划。围绕转型发展、创新发展要求，将省科技
厅管理的科技攻关计划（包括工业、农业、社会发展等）、国际科技
合作计划，省发展改革委、省经信委、省农业厅、省林业厅、省中小
企业局、省农机局、省农综开发办等有关部门管理的不同类型的财政
科研金和有关部门管理的公益性行业科研专项等，进行整合归并，形

成省重点研发计划。

整合设立科技成果转化引导专项（基金）。将省科技厅管理的科技成果转化与推广计划（包括火炬项目、星火项目、科技惠民项目、"首台套"新产品项目、中小微企业科技成果转化与推广项目等），有关部门管理的中小企业发展专项资金中支持科技创新的部分归并，将有关部门管理的创业风险投资引导基金、科技成果转化引导基金，以及其他引导企业技术创新和成果转化的专项资金（基金），进行整合归并，建立省成果转化基金。通过风险补偿、后补助、创投引导等方式发挥财政资金的杠杆作用，运用市场机制引导和支持技术创新活动，促进科技成果的基本化、产业化。

调整设立平台基地和人才专项。对省科技厅管理的（重点）实验室、工程技术研究中心、科技基础条件平台，省发展改革委管理的工程实验室、工程研究中心，省教育厅、省卫生计生委管理的重点学科及实验室人力资源社会保障厅、省委人才办、省留学生办等管理的人才经费等合理归并，结合经济社会发展重点，优化布局，分类整合，重点支持优秀人才优秀团队的培养。

②组织管理与运行机制

五大类科技计划（专项、基金等）全部纳入统一的科技管理平台管理，加强项目查重、避免重复申报和重复资助，实现公开、透明、规范。

目前，山西省配套新的科技计划组织管理和运行建立了全套完整的制度体系，包括厅际联席会议制度、项目管理专业机构遴选原则及标准、科技计划（专项、基金等）管理、科技计划项目评审细则及立项流程（图20）等一系列管理办法和制度，累计17项。主要包括：

▲山西省科技计划（专项、基金等）管理厅际联席会议制度（晋政

办函〔2015〕122 号）。

▲山西省科技计划（专项、基金等）战略咨询与综合评审委员会组建方案（晋科发〔2015〕171 号）。

▲山西省科技计划（专项、基金等）项目管理专业机构遴选原则及标准（晋科发〔2015〕172 号）。

▲山西省科技计划（专项、基金等）监督和评估办法（试行）（晋科发〔2015〕170 号）。

▲山西省科技计划（专项、基金等）及 7 个配套专项管理办法（晋政办发〔2016〕52 号）。

简称"科技计划项目管理办法1+7"。其中："1"为山西省科技计划（专项、基金等）管理办法；"7"分别为：山西省产业创新链及重大、重点项目产生办法，山西省科技项目招标投标管理暂行办法，山西省科技计划（专项、基金等）项目申报指南编制办法，山西省科技计划（专项、基金等）项目申报和评审管理办法，山西省应用基础研究计划项目管理办法，山西省科技成果转化引导专项（基金）管理暂行办法，山西省平台基地专项管理办法。

▲山西省煤基重点科技攻关项目管理办法（晋政办发〔2016〕61 号）。

▲山西省科技计划（专项、基金等）项目评审细则（晋科资发〔2016〕12 号）。

▲山西省科技计划（专项、基金等）项目立项管理流程（晋科函〔2016〕7 号）。

▲山西省科研项目经费和科技活动经费管理办法（试行）（晋政办发〔2016〕76 号）及补充规定（晋政办发〔2017〕79 号）。

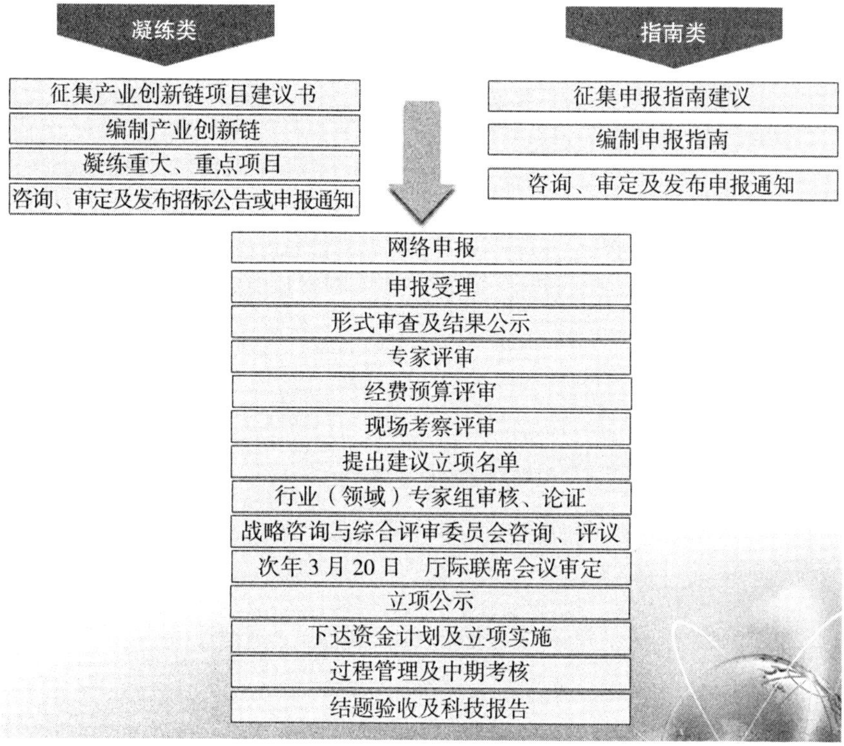

图 20　山西省科技计划项目管理流程

——应用基础研究计划

任务目标：整合省科技厅基础研究计划、省教育厅科技创新项目。

重点支持：全省重大（重点）领域的应用基础研究。

产　　生：指南申报、评审立项。

组织部门：省科技厅基础处商省教育厅科技处。

管理流程：编制、发布项目申报指南→项目申报受理→形式审查及公示→项目评审（专家评审、现场考察评审及经费预算评审）→行业（领域）专家组审核论证→咨评委咨询评议→厅际联席会议审定→立项公示→组织实施→监督评价及中期考核→结题验收及科技报告。

执行依据：山西省科技计划（专项、基金等）项目申报指南编制办法、山西省科技计划（专项、基金等）项目申报和评审管理办法、山西省科技计划（专项、基金等）项目评审细则及评审表、山西省应用基础研究计划项目管理办法、山西省科技计划（专项、基金）管理办法。

——科技重大专项

重点支持：煤基重点科技攻关项目及重大高新技术项目。

产　　生：凝练产生、招标立项。

组织部门：省科技厅重大办商发改委高新处。

管理流程：征集产业创新链项目建议→编制产业创新链→凝练重大项目→咨询、审定及发布项目招标通知→项目申报受理→开标初审→专家评审→现场考察评审→经费预算评审→行业（领域）专家组审核论证→咨评委咨询评议→厅际联席会议审定→立项公示→组织实施→监督评价及中期考核→结题验收及科技报告。

执行依据：山西省产业创新链及重大、重点项目产生办法和山西省科技项目招标投标管理暂行办法、山西省科技计划（专项、基金等）项目评审细则及评审表、山西省煤基重点科技攻关项目管理办法、山西省科技计划（专项、基金）管理办法。

——重点研发计划

任务目标：整合以往年度省科技厅工业、农业、社发攻关计划，国际科技合作计划；省林业厅林业科技成果示范项目。

重点支持：煤与非煤产业领域重点技术和产品。

产　　生：分为两类，重点项目以凝练产生、评审立项，一般项目以指南申报、评审立项。

组织部门：省科技厅高新处商省经信委技术创新处、农村处商省农业厅科教处、社发处商省卫生计生委科教处、国际处。

管理流程：

重点项目。征集产业创新链项目建议→编制产业创新链→凝练重点项目→咨询、审定及发布项目申报通知→项目申报受理→形式审查及公示→专家评审→现场考察评审→经费预算评审→行业（领域）专家组审核论证→咨评委咨询评议→厅际联席会议审定→立项公示→组织实施→监督评价及中期考核→结题验收及科技报告。

一般项目。编制、发布项目申报指南→项目申报受理→形式审查及公示→项目评审（专家评审、现场考察评审及经费预算评审）→行业（领域）专家组审核论证→咨评委咨询评议→厅际联席会议审定→立项公示→组织实施→监督评价及中期考核→结题验收及科技报告。

执行依据：山西省产业创新链及重大、重点项目产生办法和山西省科技计划（专项、基金等）项目申报指南编制办法、山西省科技计划（专项、基金等）项目申报和评审管理办法、山西省科技计划（专项、基金等）项目评审细则及评审表、山西省煤基重点科技攻关项目管理办法、山西省科技计划（专项、基金）管理办法。

——科技成果转化引导专项（基金）

任务目标：整合以往年度省科技厅火炬计划、星火计划、科技惠民计划、中小微企业科技成果转化推广项目、"首台套"新产品项目，省中小企业局省级中小企业技术中心建设资金及技术创新资金，省林业厅林业新技术推广（示范），省农机局现代农机装备引进试验项目，省农发办农业综合开发科技技术推广项目等。

支持方式：公共性服务补助、奖励性补助、协议性后补助。

建立科技成果转化基金：市场化运作、专业化管理。

产　　生：指南申报、评审立项。

组织部门：省科技厅创新处商省财政厅农发办、省中小企业局科教质量处、省林业厅科技处、省农机局科技处。

管理流程：编制、发布项目申报指南→项目申报受理→形式审查及公示→项目评审（专家评审、现场考察评审及经费预算评审）→行业（领域）专家组审核论证→咨评委咨询评议→厅际联席会议审定→立项公示→组织实施→监督评价及中期考核→结题验收及科技报告。

执行依据：山西省科技计划（专项、基金等）项目申报指南编制办法、山西省科技计划（专项、基金等）项目申报和评审管理办法、山西省科技计划（专项、基金等）项目评审细则及评审表、山西省科技计划（专项、基金）管理办法。

——平台基地和人才专项

任务目标：整合以往年度省科技厅科技基础条件平台建设计划、重点实验室建设计划、科技创新团队建设计划，省教育厅高校强校工程及重点学科建设经费、协同创新经费，省卫生计生委、省级医学重点学科（实验室）建设，省委人才办引进海外高层次人才经费，省人社厅引进人才资金，省留学生办回国留学人员科研经费等。

重点支持：创新能力建设和条件保障水平。

产　　生：指南申报、评审立项。

组织部门：分为两类。平台基地由省科技厅基础处商省发改委高新处、省经信委基础创新处、省教育厅科技处、省卫计委科教处；人才由省科技厅国际处商省委人才办、省人社厅专技处、省留学生办。

管理流程：编制、发布项目申报指南→项目申报受理→形式审查及公示→项目评审（专家评审、现场考察评审及经费预算评审）→行业（领域）专家组审核论证→咨评委咨询评议→厅际联席会议审定→立项公示→组织实施→监督评价及中期考核→结题验收及科技报告。

执行依据：山西省科技计划（专项、基金等）项目申报指南编制办法、山西省科技计划（专项、基金等）项目申报和评审管理办法、山西省科技计划（专项、基金等）项目评审细则及评审表、山西省平台基地专项管理办法、山西省科技计划（专项、基金）管理办法。

3.3 山西省科技计划管理改革成效

山西省科技计划（专项、基金等）管理改革坚持问题导向，着眼解决制约山西省科技创新发展的深层次问题，加快培育新的发展动能，实现了科技计划管理方式的重大转变。

2016 年 5 月 25 日，原山西省委书记王儒林调研科技创新工作，对山西省科技计划（专项、基金等）管理改革给予充分肯定。

3.3.1 构建了全新的科技计划管理体系，项目管理与资金管理实现了"双重突破"

一方面，区别过去以往，新的科技计划管理体系有以下五个主要特点：一是评审组织由过去的厅局自行组织调整为委托项目管理专业机构组织。二是评审流程在过去专家评审的基础上，增加了现场考察、会议答辩、战略咨询与综合评审委员会论证、评议、厅际联席会议审定等；分类执行经费预算评审，重大、重点项目实施专项预算评审，一般项目预算评审随技术评审同时进行；整体评审工作更加科学、合理和规范。三是产生方式在过去指南申报的基础上，增加了凝练形式，从过去"科研人员要干什么"，新增了"要科研人员干什么"，更加聚焦省委、省政府的重大战略问题。四是立项方式在过去专家评审的基础上，新增了公开招标形式，能够更好地引导省内优势科技资源聚焦重大科技需求，实现"人尽其才"，同时能够更好地吸引、调动省外优势科技资源，实现"为我所用"。五是资助方式在过去先期引导的基础上，新增了奖励性补助、区域性补助和协议后补助，以及科技创新券等，财政科技投入更加多元化，可以有效提高财政科技投资的效益。

另一方面，创新科技经费管理和收益分配机制，以体制机制改革激发科技创新活力，进一步推进科技领域简政放权、放管结合、优化服务，制定出台了《山西省科研项目进行经费和科技活动经费管理办法（试行）》，实现"七大突破"。一是不仅对财政科技经费管理即纵向科研项目进行经费管理，而且对横向科研项目经费管理也做了原则性的规定。二是适度放开了科研项目支出预算科目的调整权限，基本上由项目负责人向项目承担单位申请而定，会务费、差旅费、国际合作交流费支出，在总额不变的情况下可以互相调剂使用。三是增设了用于支付项目组成员的劳务费开支，项目负责人每月 3000 元以内，高级职称科研人员每人每月 2000 元以内，中级职称和其他科研人员每人每月 1500 元以内。四是提高了专家咨询费、专家报告费标准，均比原来标准提高 1—2 倍。五是规定了市内车辆使用费开支，科研项目研究过程中所发生的市内交通费、车辆租赁费及使用车辆所发生的汽（柴）油费、过路费、停车费等都可列支。六是提出 1 万元以下的小型办公设备、办公耗材等可不走政府采购程序，凭发票据实报销，解决了科研人员反映购买办公用品程序烦琐、时间长的问题。七是根据实际情况，在涉及社会调查、访谈等过程中所支付给个人的数据采集费和从个人手中购买农副产品等特殊材料所支付的材料费，在额度较小的（比如几千元）范围内，有些无法取得发票的，允许按照"按需开支、据实报销"的原则凭据报销。

3.3.2 搭建了新的科技计划管理架构，在省级层面形成了科技创新协调、开放的新格局

建立了由省科技厅牵头，财政厅、发改委等 15 个部门组成的科技计划管理厅际联席会议制度，统筹协调、统一决策科技重大事项；组建了战略咨询与综合评审委员会及 8 个行业专家组，负责山西省科技发展重大战略与需求、重大专项的建议与论证，为联席会议提供决策参考；设计开发了省科技计划管理信息平台，为科技计划宏观统筹、信息公开和阳光运行提供技术支撑。厅际联席会议已稳定运行，省科技厅、省财政厅、省发改委、省教育厅、省林业厅、省留学办等部门的科技计划已纳入联席会议，按新体制运行。

3.3.3 建立了五大类科技计划体系，解决了科技资源配置碎片化、不聚焦的问题

将原分布在 15 个部门的 33 类省级科技计划优化整合为应用基础研究计划、科技重大专项、重点研发计划、科技成果转化引导专项、平台基地和人才专项 5 大类计划，调整了支持结构，致力于科研人才培养、创新能力建设、科技成果转化、产业重大需求问题解决和一般技术需求的解决等，实现了顶层设计与发挥基层作用的有机结合。科技重大专项项目平均支持强度由过去不到 300 万元提高到现在约 1200 万元。

3.3.4 建立了完整的科技计划管理制度体系，解决了依规高效运行的问题

在顶层设计层面，有省委、省政府对改革的总体部署；架构支撑层面，有厅际联席会议制度、咨评委组建方案、专业机构遴选原则及标准，以及省级科技计划（专项、基金等）管理办法的"1+7"制度；细化操作层面，有各类计划项目的立项管理流程清单、项目评审细则、专家评分细则与标准，形成了完整的计划管理制度体系。先后制定出台制度办法 20 多项，形成了全覆盖、可操作、可监督，规范、高效的制度体系。

3.3.5 建立了开放的重大和重点科技项目产生与立项机制，致力于解决科技与经济相脱节的问题

建立了围绕重点产业广泛征集科技重大需求，编制产业创新链，凝练重大和重点项目，咨评委评议，面向社会公开招标，联席会议审定立项的机制。新机制围绕省委、省政府的战略部署和全省重点产业的发展需求，既广泛吸收网上征集的各类科技人员的重大建议，也注重采纳高等院校、科研院所、重点企业、市县政府和有关部门提供的重大、

重点技术需求，既涵盖了省外高水平专家提出的项目建议和评审建议，也包括了咨评委和行业专家委员会对建议项目的评审把关，充分体现了"自上而下"顶层设计与"自下而上"征集需求的紧密结合，确保可以集中优势资源解决产业重大关键技术问题。自改革以来，高灰熔点煤气化技术、超临界低热值煤循环流化床锅炉关键技术、煤层气钻井关键技术、石墨烯储能－高性能超级电容器技术、硬岩巷道掘进机技术、燃煤电厂超低排放技术等一批项目已取得关键技术突破，达到了世界或国内领先水平。

3.3.6 培育组建项目管理专业机构，实现了政府部门科技管理职能转变

充分发挥专家和专业机构在具体项目管理中的作用，培育和组建了6家项目管理专业机构，完成了省科技厅内设机构和职能调整，政府部门不再直接管理具体科技项目，而是加强了顶层设计、编制产业创新链、寻找关键问题和技术需求、凝练重大重点项目、中介机构监管等战略规划、政策设计、重大专项布局、过程评价监管、体制机制改革、法治保障方面的职责，强化了创新环境营造、科技资源开放共享、科技服务业发展、科技报告共享等工作，补上了公共创新服务的"短板"，推动科技管理逐步从研发管理向创新服务转变。

4 山西省科技计划(专项、基金等) 项目管理专业机构建设

山西省科技计划(专项、基金等)项目管理专业机构是此次科技计划项目管理的重大创新,是实现政府不再管理项目的必然选择。为贯彻落实《关于实施科技创新的若干意见》和《山西省深化省级财政科技计划(专项、基金等)管理改革方案》精神,深化科技计划管理体制改革,加快建立依托专业机构管理科研项目的运行机制,山西省首批认定了省科学技术交流中心、省科技成果转化中心、省产业技术发展研究中心、省农村技术开发中心、省高等院校科技发展中心和省林业技术发展中心6家项目管理专业机构。下面,重点介绍2016年山西省产业技术发展研究中心作为项目管理专业机构的建设实践。

山西省产业技术发展研究中心(以下简称省产研中心)按照省科技厅的统一部署与安排,遵循"先行试点、稳步推进、健全机制、强化能力"的基本原则,于2016年1月正式启动建设山西省科技计划(专项、基金等)项目管理专业机构。同时,按照省科技计划(专项、基金等)管理厅际联席会议第二次全体会议审议结果,先行试点承担了2016年度山西省平台基地和人才专项的项目管理工作。并经2016年7月28日厅际联席会议第四次全体会议审定为全省首批项目管理专业机构。

4.1 总体定位

山西省产业技术发展研究中心是省科技厅直属的、具有独立法人资格的全额拨款事业单位,是全省首批项目管理专业机构。总体定位为

全面贯彻党的十八大和十八届三中、四中、五中和六中全会精神，深入实施创新驱动发展战略，根据全省科技计划管理改革的总体要求，建成专门从事项目管理的专业机构，满足科技计划项目管理的要求。建立完善的法人治理结构，形成健全的内部管理机构，制定完善的规章制度，建设高素质的科研管理团队，形成具备相关科技领域专业化的科技项目管理能力，构建项目全过程管理模式以及衔接山西省科技管理信息系统的专业化信息管理平台。承担厅际联席会议委托的科技计划项目管理工作以及其他工作。

4.2　承担任务及经费

按照《山西省科技计划（专项、基金等）及7个配套专项管理办法》要求，根据《山西省科技计划（专项、基金等）管理任务委托协议（试行）》，省产研中心主要承担2016年度山西省平台基地和人才专项的申报受理、形式审查、专家评审、现场考察（抽查）、项目安排和经费预算安排建议、过程管理、结题验收、目标考核等，以及相关的支撑服务。2016年，全年预算项目管理费60万元，累计支出37.17万元，占预算经费的62%，主要用于2016年度平台基地和人才专项的专家评审与现场考察（抽查）评审。

4.3　建设实践

根据山西省科技计划管理改革的部署与安排，2016年1月以来，省产研中心对照《中央财政科技计划（专项、基金等）项目管理专业机构管理暂行规定》，按照《山西省科技计划（专项、基金等）项目管理专业机构遴选原则及标准》的要求，开展项目管理专业机构建设。

4.3.1　强化硬件设施建设

加强与省科技厅的沟通与协调，在原有办公条件基础上，新增办公场所 54 平方米（累计 90 平方米），完成了办公场所的整体修缮与升级改造，新购置办公电脑、打印机、复印机、投影仪、扫描仪、传真机、办公桌椅等办公设备 93 台（套），基本满足了项目管理工作的日常需要。部署开发了省产研中心项目管理信息服务平台，衔接山西省科技管理信息系统和山西省科技专家信息管理系统。同时，完成了办公耗材的购买与替换、公务车辆的维修保养与年检等日常行政管理，保障了项目管理各项工作有序进行。

4.3.2　配置专业人才队伍

为加强项目管理专业人才队伍建设，根据省科技厅统筹安排，抽调财政拨款事业编制 10 名，完成了编制调整、报批。经省编办核定现有财政拨款事业编制 16 名，处级领导一正两副，内设 3 个科，科级领导三正三副，完成了财政拨款事业编制调整后的岗位设置。经省人社厅核定五级管理岗位 1 个、高级专业技术岗位 5 个、中级岗位 6 个、初级岗位 4 个，完成了项目管理专业人员选调。从省科技厅机关、直属单位及有关单位，择优遴选了具有项目管理工作经验的专业技术人员和管理人员 11 名，建成了一支相对稳定、结构合理且素质较高的专业化管理队伍。

截至 2017 年，累计拥有专业技术人员 13 名，多数人员具有科研和项目管理经历，涉及农业、电子信息、环境工程等多个领域。其中，管理人员 2 人、技术人员 11 名；研究员 1 名，副研究员 1 名；硕士学位 8 名，学士学位 5 名；留学归国人员 1 名。有 1 人长期从事科技计划管理和项目科技成果鉴定和评审工作，熟悉国家项目管理专业机构建设规划和要求，1人长期从事科技统计分析和科技项目绩效评价工作，1人长期从事科技重大专项项目管理，还有1人全面、深入地参与此次科技计划管理改革，熟悉全省科技计划体系的组织管理机制和科技计划项目管理系列制度，以及项目管理专业机构建设要求。

4.3.3 健全内部机构设置

根据《关于省科技厅部分事业单位编制调整的通知》要求，对照项目管理专业机构遴选原则及标准，健全了中心内部机构，设置综合办、项目部和监督部，其中综合办下设办公室和财务部。综合办核定科级职数一正一副，科员职数2名。办公室核定正科级职数1名，科员职数1名；已定岗专业技术人员2名。财务部核定副科级职数1名，科员职数1名；已定岗专业技术人员1名。项目部核定科级职数一正两副，科员职数4名；已定岗专业技术人员4名。监督部核定正科级职数1名，科员职数1名；已定岗专业技术人员2名（图21）。

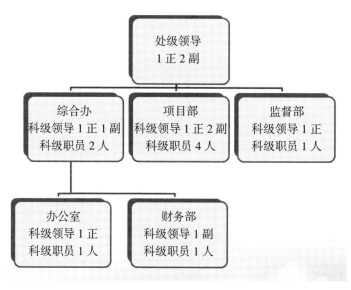

图21　山西省产研中心机构设置及人员配置

4.3.4 建立法人治理结构

按照项目管理专业机构的建设要求，修订完善了《山西省产业技术发展研究中心章程（修订稿）》，构建形成了具有决策、协商、监督、咨询等功能的法人治理结构。同时，积极探索建立由上级主管部门、行业管理部门、学术界、产业界等相关方面代表组成的理事会，以及由上级主管部门、行业管理部门和其他利益相关方代表组成的监事会。理事会负责审议项目管理相关重大事项，处理项目管理过程中发生的重大争议事项；监事会负责监督理事会和项目管理人员的履职尽责情况。

4.3.5 完善内控管理制度

山西省产业技术发展研究中心管理制度
（5大类20项）

行政管理	财务管理	项目管理	监督管理	工作流程
• 人事 • 文秘 • 会议组织 • 学习培训	• 内部财务管理 • 项目经费管理	• 项目管理 • 质量控制 • 风险防控 • 保密 • 档案 • 知识产权	• 项目管理监督	• 项目管理 • 质量控制点和风险防控点 • 监督管理

图 22　山西省产研中心管理制度

按照《中央财政科技计划项目管理专业机构管理暂行规定》要求，根据《山西省科技计划（专项、基金等）及7个配套专项管理办法》，以及省科技厅的有关规章制度，对照ISO9001质量管理体系认证标准，编制了《山西省产业技术发展研究中心管理制度》，累计5大类20项制度，构建形成了覆盖行政、财务、项目和监督等全方位的内部管理制度体系（图22）。其中，行政管理类包括人事、档案、文秘、会议组织和学习培训等。财务管理类包括内部财务管理和项目经费管理。项目管理类包括项目管理、质量管控、风险防控、保密、档案、知识产权。监督管理类包括项目管理内部监督、廉洁从业规定。

4.3.6 提升项目管理能力

总结山西省平台基地和人才专项项目管理实践，进一步优化管理流程、规范操作行为、明确责任分工，建立了公开、公正、透明、高效的项目管理机制和模式，实现了项目管理与项目监督不相容、行政管理与项目管理相配合，有效提高了项目管理能力和组织协调能力（图23）。

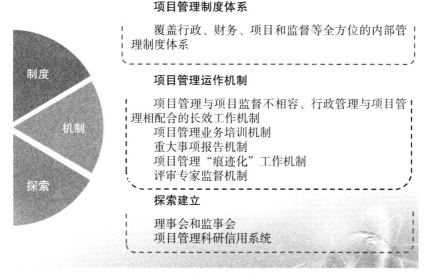

项目管理制度体系
覆盖行政、财务、项目和监督等全方位的内部管理制度体系

项目管理运作机制
项目管理与项目监督不相容、行政管理与项目管理相配合的长效工作机制
项目管理业务培训机制
重大事项报告机制
项目管理"痕迹化"工作机制
评审专家监督机制

探索建立
理事会和监事会
项目管理科研信用系统

制度
机制
探索

图 23　山西省产研中心项目管理能力提升方案

建立了项目管理"痕迹化"工作机制。申报材料受理、形式审查、专家遴选和使用、评审过程和结果等事宜，实行了全过程"痕迹化"管理，经办人和负责人认可、签字，单位盖章、存档。建立了重大事项报告机制。对日常行政管理和项目管理发生的重大事项，提出处理意见和

建议，及时上报省科技厅和有关主管部门，并积极配合，予以解决，同时做好相关记录工作。

建立了评审专家监督机制。评审过程中发现专家不遵守评审工作纪律的行为进行提醒或制止，建立了评审专家信誉档案。评审过程记录了评审专家履行工作职责情况，开展了评审专家履职情况调查。同时，积极探索建立科技计划项目管理科研信用系统，定期对项目承担单位、项目负责人等开展科研信用综合评价。

4.3.7 加强管理业务培训

制定了项目管理业务培训计划。通过专题讲座、召开专题座谈、发放学习资料等多种形式，定期对全体人员进行项目管理内部培训，主题包括科技计划（专项、基金等）管理改革方案、科技计划管理办法、项目立项流程及责任分工等。邀请省科技厅资源处、基础处、国际处的有关负责人，以专题讲座的形式，对全体人员进行项目管理外部培训，主要介绍科技计划项目管理总体要求、流程安排和注意事项，以及平台基地和人才专项项目评审工作的具体事宜和要求。选派专人赴浙江省开展了科技计划项目管理专题调研，赴江苏省参加了科技部主办的全国科技计划与经费管理工作会议，进一步了解和学习国家和兄弟省市科技计划管理改革推进情况，尤其是项目管理专业机构建设情况。

4.4 项目管理执行情况

根据厅际联席会议委托，省产研中心首次承担的项目管理任务为2016年度山西省平台基地和人才专项项目管理。其中，平台基地专项包括重点实验室、工程技术研究中心、科技基础条件平台、科技创新团队和重点科技创新平台，人才专项主要是优秀人才科技创新项目。

2016 年，对照《山西省科技计划（专项、基金等）项目立项管理流程（2016—2017 年度）》，按照《山西省科技计划（专项、基金等）项目评审细则》要求，完成了申报受理、形式审查、专家评审、现场考察（抽查）等工作，并配合省科技厅基础处、国际处提出了项目建议立项名单，顺利通过了厅际联席会议的审定，协助其完成了拟立项项目公示、下达资金文件、项目计划任务书签订等工作。

4.4.1 申报受理

对照山西省科技计划管理信息平台组织单位推荐的申报项目清单，集中受理申报项目纸质材料，同时留存组织单位项目推荐函。按照省科技厅的统一部署与要求，面向申报单位逐一发放项目申报补充通知，按时受理了项目申报补充材料（表3）。

表3　2016 年度山西省平台基地和人才专项申报受理结果

序号	专项名称	申报受理数（项）
1	平台基地专项	158
1.1	重点实验室	17
1.2	工程技术研究中心	10
1.3	科技基础条件平台	100
1.4	科技创新团队	16
1.5	重点科技创新平台	15
2	人才专项（优秀人才科技创新项目）	55
	合计	213

4.4.2 形式审查

根据《山西省科技计划（专项、基金等）项目评审细则》，对照 2016 年度申报指南、补充材料通知及有关专项管理办法的要求，对 213

项申请进行了形式审查，包括申请材料的形式审查和项目主要内容、申报单位、负责人等必要条件的资格审查。经形式审查、结果公示和异议处理，共有 131 项申请合格，提交专家评审（表 4）。

表 4　2016 年度山西省平台基地和人才专项形式审查结果

序号	专项名称	申报受理数（项）	形式审查合格数（项）	形式审查不合格数（项）
1	平台基地专项	158	80	78
1.1	重点实验室	17	15	2
1.2	工程技术研究中心	10	6	4
1.3	科技基础条件平台	100	41	59
1.4	科技创新团队	16	12	4
1.5	重点科技创新平台	15	6	9
2	人才专项（优秀人才科技创新项目）	55	51	4
	合　计	213	131	82

4.4.3　专家评审

编制专家评审工作方案，采用会议评审的方式，依据参评项目数量和领域分布情况，按照"公正、权威、针对、合理"的原则，邀请技术专家、企业专家、战略专家、管理专家和财务专家 5—7 名，开展了项目全面、综合和客观的评审，包括经费预算评审。根据专家评审推荐原则，确定提交现场考察（抽查）项目申请（表 5）。

表5 2016年度山西省平台基地和人才专项专家评审结果

序号	专项名称	参评项目数(项)	现场考察项目数（项）	淘汰项目数（项）
1	平台基地专项	80	60	20
1.1	重点实验室	15	9	6
1.2	工程技术研究中心	6	5	1
1.3	科技基础条件平台	41	32	9
1.4	科技创新团队	12	11	1
1.5	重点科技创新平台	6	3	3
2	人才专项（优秀人才科技创新项目）	51	38	13
	合　计	131	98	33

4.4.4　现场考察（抽查）

编制现场考察评审工作方案，分类执行现场考察或抽查；平台基地专项执行现场考察评审，人才专项执行现场抽查核实（表6）。

表6 2016年度山西省平台基地和人才专项现场考察（抽查）情况

序号	专项名称	现场考察（抽查）项目数（项）	淘汰项目数（项）
1	平台基地专项	56	9
1.1	重点实验室	9	3
1.2	工程技术研究中心	5	0
1.3	科技基础条件平台	31	3
1.4	科技创新团队	11	3
1.5	重点科技创新平台	—	—
2	人才专项（优秀人才科技创新项目）	16（抽查）	1
	合　计	72	10

平台基地专项中的重点实验室、工程技术研究中心、科技基础条件平台和科技创新团队，采用实地考察和答辩评审相结合的方式，根据平台基地类型，按照专业领域分组，每组邀请专家7名，完成了现场考察评审。鉴于重点创新平台是依托现有国家级和省级重点实验室和工程技术研究中心等平台进行建设，所依托的科研设施和条件等较为先进、完善，根据专家意见，未组织进行现场考察评审。

人才专项选择对专家评审意见争议较大、有疑虑的项目进行现场抽查核实，重点核实项目申报材料与实际情况的相符性，实地考察申报单位或产学研合作第一单位的生产经营状况、创新团队和平台建设情况、产学研合作情况及项目前期研究基础等。

4.4.5 汇总评审结果

汇总专家评审、现场考察（抽查）评审结果，形成评审结果报告。根据评审推荐原则，确定项目建议立项名单（表7）。

表7 2016年度山西省平台基地和人才专项建议立项情况

序号	专项名称	建议立项项目数（项）
1	平台基地专项	50
1.1	重点实验室	6
1.2	工程技术研究中心	5
1.3	科技基础条件平台	28
1.4	科技创新团队	8
1.5	重点科技创新平台	3
2	人才专项 （优秀人才科技创新项目）	37
	合　计	87

4.4.6 其他管理事项

依据项目评审结果，配合省科技厅基础处、国际处，提出了项目立项名单和经费预算安排建议，并顺利通过了厅际联席会议的审定，协助其完成了拟立项项目公示、下达资金文件、项目计划任务书签订等管理工作，并陆续开展了项目过程管理等。

此外，按照省科技厅有关主管处室的部署与要求，协助完成了全省现有重点实验室、工程技术研究中心和科技创新团队的年度进展考核和绩效评价，提出了日常运行补助支持名单。协助完成了2016年度山西省软科学研究计划重点项目的答辩评审和一般项目的会议评审，协助完成了2016年度煤基低碳科技重大专项煤层气、煤焦化产业创新链重大项目年度检查工作。

4.5 存在的问题及建议

4.5.1 存在的主要问题

省产研中心项目管理专业机构建设工作有序推进，项目管理业务逐渐深入。但客观分析，仍存在一些问题，主要表现在以下几个方面：

（1）办公场所紧张

省产研中心满编16人，现拥有工作人员13名，仍有3人未能安排固定办公场所。

（2）项目管理与发展经费不足

一是项目管理经费总额不足。核定的项目管理经费，能够保证完成当年度项目立项评审，对于后续的过程管理、结题验收和目标考核等工作，尚未拨付配套管理经费。二是专业机构建设与发展经费不足。目前，核定了项目管理经费，但缺乏专业机构建设与发展经费。省产研中心刚刚启动建设，就面临着必要的办公设备购置经费严重不足的问题。三是临时性事务缺乏配套经费。省科技厅有关主管业务处室委托的其他管理事项尚未明确配套经费。

（3）人员职称、职务晋升空间受限

按照《中央财政科技计划项目管理专业机构管理暂行规定》要求，专业机构工作人员不允许承担科研项目。省产研中心属于科研院所，按照现行的科研人员职称评审要求，工作人员晋升职称将受到很大限制。同时，按照省编办核定的处级、科级岗位职数，只能任职少数人员。如果参照执行国家专业机构管理的有关规定，大多数人员面临晋升职称、职务受限的问题，在很大程度上影响着人员队伍的工作热情和积极性。

4.5.2　发展建议

根据专业机构建设进展和项目管理执行情况，为进一步加快推进机构建设工作，全面满足科技计划项目管理的需求，更好地完成好项目管理工作，提出以下意见和建议：

加强办公用房的统筹与配置，进一步解决办公场所紧张的突出问题。

优化项目管理专业机构管理费用核定及支付方式。根据科技计划、专项、基金等类别，按照计划总资金额度，分类确定项目管理费用的提取比例，兼顾考虑项目管理专业机构建设发展经费。

建立健全项目管理专业机构管理制度，包括专业机构管理人员职称、职务晋升办法，聘用工作人员管理办法、竞争与激励机制等。

组织项目管理业务指导和学习，邀请国家科技计划管理改革和省内科技计划管理改革的有关负责人，面向项目管理专业机构工作人员开展专题培训，详细讲解五大类科技计划的管理体系以及项目管理的流程和要求等。组织项目管理专业机构负责人赴科技部、北京市、上海市和广东省等开展科技计划项目管理考察与学习。

完善项目管理流程安排、智能化功能和执行依据，充分考虑专业机构管理工作实际，避免多项任务执行时间重叠、工作强度过大的情况。加快完善科技计划管理信息平台，实现定制化表格生成、专业化信息统计、科学化分类管理的工作，有效提高项目管理质量和效率，并实行进一步分类、细化、明确项目申报附件材料要求，规范和统一形式审查结果异议处理等具体管理工作的执行依据和操作办法。

4.6　建设成效

按照省科技厅的统一部署与安排，省产研中心全面启动了项目管理专业机构建设，各项工作均取得了突破性进展，成效显著。突出表现在以下几个方面：

4.6.1　办公条件得到改善

一方面，办公场所由原来的 36 平方米，增加到了 90 平方米，能够基本满足了项目管理日常需要。另一方面，新购置办公电脑、打印机、复印机、投影仪、办公桌椅等办公设备 93 台（套），能够基本满足项目管理的日常需要。

4.6.2　人才发展空间广阔

财政拨款事业编制、高级专业技术岗位、专业技术人员显著增加。其中，财政拨款事业编制由原来的 6 名增加到 16 名，高级专业技术岗位由原来的 1 个增加到 5 个，专业技术人员由原来的 3 名增加到 13 名。

4.6.3　服务能力显著提升

过去，作为省科技厅直属单位，省产研中心主要承担技术预见与产业技术需求跟踪研究、产业技术创新和发展政策研究咨询、重大综合性技术创新工程可行性研究等任务。由于受专业技术人员有限等多种客观因素影响，只能选择性地开展少量研究工作，社会服务能力和影响力十分薄弱。自启动项目管理专业机构建设以来，先后承担完成了山西省平台基地和人才专项项目管理、山西省软科学研究计划项目评审、煤基低碳科技重大专项煤层气、煤焦化产业创新链重大项目年度检查等工作，社会服务能力和影响力显著提升。其中，2016 年度山西省平台基地和人才专项累计涉及项目组织单位 43 家，服务项目申报单位 118 家，邀请省内外专家 253 人次，评审项目 131 项，服务项目立项单位 47 家，累计立项项目 139 项。

2016 年 5 月 25 日，原山西省委书记王儒林调研科技创新工作，莅临省产业技术发展研究中心指导工作。

2016 年 5 月，原山西省科技厅党组书记、厅长张金旺对项目管理专业机构建设工作给予充分肯定，并具体指导项目管理工作。

4.7 项目管理典型案例

作为山西省首批项目管理专业机构，省产研中心承担的任务为五大类科技计划（专项、基金等）之一的平台基地和人才专项的项目管理。按照省科技厅的统一要求，省产研中心秉承"公开透明、公平履职"的理念，规范管理流程、严控操作细则、强化监督管理，圆满完成了 2016 年、2017 年、2018 年项目管理工作。下面重点分析 2016 年度首次承担任务的情况。

2016 年度山西省平台基地和人才专项累计受理申请 213 项。经形式审查、结果公示和异议处理，共有 131 项提交专家评审。根据专家评审结果，对 56 项平台基地专项申请进行了现场考察，对 16 项人才专项申请进行了现场抽查。根据专家评审和现场考察（抽查）评审结果，提出拟立项建议 87 项。根据平台基地年度考核与建设绩效评价结果，

提出建设与运行补助支持 49 项。新获批国家级平台基地配套 3 项。经
厅际联席会议审定，累计立项 139 项，安排资助经费 3300 万元。

纵观整个平台基地和人才专项项目管理，平台基地专项特征尤为突
出，主要表现在以下几个方面：

4.7.1　管理运行模式丰富，经费资助形式多样

具体管理流程分为评审、立项建设（建设期为 2—3 年）、建设期
满验收、授牌、年度考核和定期评估等，不同于常规科研项目评审、立项、
过程管理、结题验收。

年度新立项建设平台基地 45 个，资助经费 1855 万元；建设期满验
收与绩效考评优良 24 个，给予滚动支持 320 万元；年度考核优良 25 个，
给予日常运行补助经费 400 万元。此外，新获批国家级平台基地 3 个，
配套支持 90 万元。

4.7.2　平台基地种类齐全，功能定位互不相同

平台基地种类包括重点实验室、工程技术研究中心、科技基础条件
平台、科技创新团队、重点科技创新平台。其中重点实验室侧重于开
展基础研究和应用基础研究。年度新立项建设 6 个，资助经费 90 万元。
工程技术研究中心侧重于开展研究开发、技术创新、成果转化与产业化。
年度新立项建设 5 个。科技基础条件平台侧重于开展科技资源开放共
享和科技基础条件能力建设，细分为科技文献、科学数据、自然科技
资源、大型科学仪器 4 类。年度新立项建设 4 类平台累计 28 个，资助
经费 1065 万元。其中，科技文献 4 个，经费 220 万元；科学数据 5 个，
经费 190 万元；自然科技资源 8 个，经费 305 万元；大型科研仪器 11 个，
经费 350 万元。

科技创新团队侧重于从事基础前沿研究、应用研究、成果转化和产

业化的科技创新群体，细分为领军团队、重点团队、培育团队和区域团队。年度新立项建设科技创新团队 8 个，资助经费 100 万元。其中，重点团队 2 个，资助经费 40 万元；培育团队 6 个，资助经费 60 万元。

重点科技创新平台侧重于采取产学研协同、学科交叉融合、全链条一体化组织模式，打造全省创新平台和人才团队战略高地。年度新立项建设 3 个，资助经费 600 万元。

4.7.3 专家评审形式多样，评审推荐原则科学

专家评审分为学科专业组评审和现场考察评审两个阶段。学科专业组采用会议评审方式，现场考察评审采取实地查看和汇报答辩相结合的方式，年度考核和绩效评价采取现场汇报答辩、负责人互评和专家评审相结合的方式。学科专业组评审同意立项票数超过 1/2 的，全部纳入现场考察评审。学科专业组评审和现场考察评审同意立项票数累加超过 2/3 的，纳入建立立项名单。

总体上看，2016 年度山西省平台基地专项累计受理申请 158 项。经形式审查、结果公示和异议处理，共有 80 项提交专家评审。根据专家评审结果，对 56 项申请进行了现场考察。根据专家评审和现场考察评审结果，提出拟立项建议 50 项。根据平台基地年度考核与建设绩效评价结果，提出建设与运行补助支持 49 项。新获批国家级平台基地配套 3 项。经厅际联席会议审定，累计立项 102 项，安排资助经费 2665 万元。

5 深化山西省科技计划（专项、基金等）管理改革建议

山西省科技计划管理改革涵盖了科技计划组织、领导、控制、评估等多方面功能及内容。经过近两年的改革，已经基本形成了"结构完善、程序严谨、平台规范、多元融资、法律健全"的科技计划管理体系。随着改革的深入，解决了山西科技计划管理体系中存在的一些突出问题和制约因素，如科技计划的设置体系庞大、科技投入方式单一、管理部门功能重叠、科技计划政管不分、计划项目监督监管等问题。然而，仍然有少数问题没有得到很好地得到解决，包括在科技计划设立时省级计划与国家计划的衔接问题、省级各计划自身的衔接问题，以及在科技计划组织管理方面，行为主体间衔接不足、项目可行性研究不足；科技计划实施过程中地市科技计划设置不适应当地实情、高层次研发人才不足；科技计划监控与监督方面，科技监管体系不健全等问题。要深入分析研究解决措施，必须立足于科技计划管理层面，找准问题，寻求解决问题的突破口，进而促进山西省科技的快速进步与经济的全面发展。对此本研究在优化科技计划衔接、强化机构合作、完善人才引进机制、完善项目监督监管等方面提出了几点设想，以期对山西省科技计划管理体系改革有所促进。

5.1 健全国家、省、市科技计划衔接机制

5.1.1 省级科技计划与国家科技计划的衔接

在省级科技计划与国家科技计划衔方面，山西省科技计划与国家科

技计划在计划体系上存在一致性，但是在科技体系运行中的战略重点和任务分工方面则各自有所侧重。若想实现科技资源更有效配置和更高效利用，有必要建立起一定的衔接机制。在获得立项支持时，如果遇到国家立项难或经费少的情况，可以在省内申报计划项目并立项，获得省级财政支持，减少重复立项，进而减少科技资源的浪费。建议具体衔接途径有：

充分利用网络信息交流资源，在技术层面上搭建省级与国家科技计划兼容沟通平台，实现国家科技计划与省级科技计划的兼容交流，进而将国家和省级科技计划项目的申报、立项和财政支持、组织实施及监督评估等过程进一步衔接，可以避免省级科技计划重复立项，提高科技计划管理效率。

充分了解国家战略重点与地方战略重点的一致性方面，建立地方与国家的及时反馈机制。将省内重点战略目标向国家反馈，与国家具有一致战略重点的计划项目可争取国家在科研方面的上游支持，不但支持力度更大，硬件支持上也更加具有优势，能够促使重大科研项目高效集中地完成并快速产生科研效益。山西是中国煤炭主要产地，促进煤炭产业"清洁、安全、低碳、高效"项目是省内战略重点，同时也是国家能源战略中需要解决的问题，通过及时筛选与反馈与国家战略规划目标进行衔接，可最大限度获得国家重点研发支持。

5.1.2 省级科技计划自身衔接

目前的科技计划实施过程中，五大类科技计划形成自成一体的计划支持模式，各类计划各有其支持重点，相互之间互不交叉。这样的计划体系在防止重复立项、节约科技资源方面较大作用。然而各类计划之间却在一定程度上缺乏必要的串联机制。在山西省煤炭科技重大专项中，任意一个专项计划的实施，不仅需要应用基础研究的支持，同时需要重点研发计划、科技成果转化以及平台和人才的支持，若是单独由科技重大专项支持。可能会导致其他几方面支持力度的削弱，将在一定程度上影响计划实施结果。所以，建议省内可以在重大领域设立个别的重点专项计划，贯穿于五大计划之间，自应用基础研究至平台基地和人才专项同时予以支持，实现科技资源的集中优化配置，提高重大领域重点专项的实施效果及成果转化效率，促使其更加高效快速地促进山西省科技经济的发展（图24）。

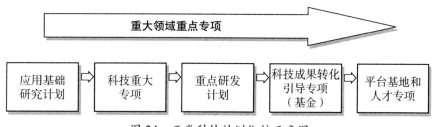

图 24   五类科技计划衔接示意图

5.2   优化市、县科技计划体系

新的科技计划管理体系改革已逐渐覆盖至全国范围，不仅省级科技计划改革全面推进，不少地级市的科技计划改革也逐步展开。改革过程中出现了一个普遍现象，有些省在科技计划体系设置中直接套用国家的计划设置类别，甚至有些市直接沿用省级科技计划体系，这一部分省市不在少数。这样直接套用国家或者省级科技计划体系结构的方式，尤其是市级科技计划直接套用省级计划体系的方式是否合理，是一个值得探讨的问题。众所周知，省级财政无论是用于科研的经费，还是科研人员甚至科研环境，与国家层面的水平比较来说都是相差甚远的。再看地市科技计划，从财政的支持、科研人员的层次、科研环境的变

化都受到很大的削弱，在有限的经费、人员、环境中，地市照搬省级科技计划体系设置，诸如科技重大专项和重点研发计划后，是否有精力将其付诸实践并取得预期的成效是非常现实的问题（表8）。因此，建议地市在设立科技计划的时候不要完全套用省级其至国家科技计划体系，而是应当有所细化，结合地方实际情况，将有限的科技资源重点支持有利于带动地方经济社会发展的特色领域，才能真正实现科技资源的优化利用。

表8　国家、山西省及部分市科技计划（专项、基金等）体系

区域	计划类别				
国　家	国家自然科学基金	国家科技重大专项	国家重点研发计划	技术创新引导专项（基金）	基地和人才专项
山西省	应用基础研究计划	科技重大专项	重点研发计划	科技成果转化引导专项（基金）	平台基地和人才专项
阳泉市	应用基础研究计划	科技重大专项	重点研发计划	科技成果转化引导专项（基金）	平台基地和人才专项
吕梁市	应用基础研究计划	科技重大专项	重点研发计划	科技成果转化引导专项（基金）	平台基地和人才专项

5.3　创新跨机构、跨区域合作机制

5.3.1　完善跨机构合作机制

当前，山西省科技计划体系由原来繁多的科技计划调整为五大类别，有效地整合了资源。然而管理部门与科研机构、科研机构与科研机构、科研机构与企业之间的合作衔接仍然略显不足。省内不少机构、企业都具有科技研究的职能，但基本没有实质性合作。当前前沿科学的交叉融合发展快速，需要探索更加有利于集中优势资源开展科技研发的模式，尤其是科研机构与产业机构之间的合作。只有积极开展跨部门、跨机构的联合研究，才有助于促进经济与科技更加紧密地结合。

建议科研机构之间、科研机构与产业机构之间，针对不同的科研主题开展产学研用多层次的联合研究计划。

5.3.2　进一步扩大区域合作范围

山西省科技计划的执行绝大部分利用的都是省内的人力资源，这对于培育自身的科技人才有一定的促进作用。但是由于科技计划本身具有规模大、复杂性高的特点，单独利用本省的科技人才并不一定能够很好地完成科研任务，因而要解放思想、开阔思路，加强与相邻省份或者是科技大省的互动合作、互通有无，更好地完成科技计划项目。可以向广东省学习借鉴，广东省大力采取省际联合攻关的科技计划管理模式，其粤港联合科技攻关取得了明显成果。在集合两地人力资源优势进行互补的同时，能有效地促进两地的经济文化合作，便于进一步争取国家重大科技项目。

5.4　建立多元化科技投入体系

5.4.1　改进科技计划项目资助方式

可以借鉴浙江、重庆等地对科研项目的资助方式，除使用竞争性资助方式外，还可引入"前期启动、分期拨款"稳定性资助方式、前期引导与基于绩效评价的后补助相结合的资助方式，以及"总量控制、分档支持"资助方式。采取对于公益性、基础与前沿研究、决策咨询与管理创新类和经济社会发展战略规划、政策制度、体制机制类科技计划项目实行竞争性资助方式；对于以应用为导向的科技计划项目，采取"前期启动、分期拨款"稳定性支持方式；对于以任务为导向的科技重大专项、重点研发计划，采取前期引导与基于绩效评价的后补助相结合的资助方式；对于以市场为导向的企业自主创新科技计划项目，采取"总量控制、分档支持"资助方式。

5.4.2 发展各种类型的科技风险投资基金

鼓励金融、担保公司、风险投资公司等融资部门参与科技创新的投入，积极吸引国内外大型风险投资公司设立分支机构，从事科技风险投资活动。积极探索构建第三方投融资平台，有选择性地设立专业化的投资基金，实行开放式、平台化运行管理模式。针对个别关系民计民生的科技计划项目，可开辟私人投资或者集体出资的方式。

5.4.3 建立全社会分层次、多元化的科技投入机制

制定政策，采取切实措施，不断加大地方财政对科技的投入。通过对企业进行政策和信息引导等途径，使企业充分认识到科技投入是提高自身核心竞争力的必由之路，激励企业积极自觉地加大科技投入；通过必要的政策优惠，鼓励全社会增加对公益性、基础性和战略性科技事业的投入。

5.4.4 创新财政支持科技计划项目方式

增加购买科技服务的支持比重，选定特定的科技计划项目探索建立政府购买服务的立项模式。在社会问题研究治理建议方面，探索实行"后补助"资助方式，取消项目执行期限，严格进行绩效考核评价，确实以采纳应用、取得实效，确定立项补助金额，降低资金使用的约束性指标，真正引导、发挥出科研人员的聪明才智，建成新型"智库"。

5.5 推进科技计划专业化管理

专业化管理是确保科技计划科学有效实施的关键，很多国家都由独立于政府部门的专业化机构来组织管理科技计划。国家《关于深化中央财政科技计划（专项、基金等）管理改革的方案》提出要依托专业

机构管理项目。山西省遴选出首批 6 家项目管理专业机构，开展科技计划项目的全面管理。然而，所遴选出的项目管理专业机构在科技计划管理方面的经验和能力是否充足，是决定科技计划能否实现专业化管理的重要因素。因此，建议进一步提升专业机构的项目管理能力，督促其制订更详尽实际的科技计划项目管理操作办法，使其顺利实现对科技计划项目实施的立项、管理、监督。创新项目产生方式，建立以基层实际需求、企业生产一线需要为导向的项目产生方式，突出区域经济社会发展的需求导向，引导科技计划项目更多、更好地与经济社会发展融合、支撑、提升。进一步明确项目管理专业机构建设的标准和要求，建立"黑名单"管理机制和管理诚信等级评价体系，真正实行项目管理专业机构的动态调整，引导项目管理专业机构提高管理效能和服务质量。

5.6 加强高层次科技人才队伍建设

5.6.1 健全科技人才培养机制

以高校、科研机构以及企业为依托，利用重大科研和建设项目、重点学科和科研基地以及国际学术交流与合作项目，加快高素质创新型科技人才的培养，探索建立科技计划管理实施团队。为进一步促进科技人才的培养，可以在全省科技计划项目评审、验收、评估、评价中把创新型科技人才培养作为重要的考核指标纳入其中。

5.6.2 优化人才吸引政策

通过提供一系列优惠条件和政策保障，吸引国内外优秀人才从事科研管理工作，其中应重点引进具有创新潜力、能承担经济建设和科技发展重大项目的高层次技术人才和紧缺人才。同时建立符合留学人员特点的引才机制，加大对高层次留学人才的资助力度。

5.6.3　加强科技管理人才队伍建设

一方面要通过课题实施，选拔一些具备科研能力、具备良好科研道德和声誉、能够管理团队的科研人员作为管理人员。另一方面要培育一些懂专业懂法律懂科学管理的专业管理人员进行科技计划管理。

5.7　完善科技计划监督机制

5.7.1　建立健全科技计划管理制度体系

一个健全的科技管理制度体系应该涵盖科技管理的各个方面，从合同执行、资金管理以及成果转化等各方面内容都应有相应的规定，并且对于相应的每个方面的违反行为都应有对应的惩处措施。对项目中的违规行为，包括剽窃、滥用资金以及其他科研道德的行为，都应能依据规定做出相应的处理。

5.7.2　加大监管执行力度

严格按照法律法规和项目合同对违规行为进行处理。对于每一个案件都应严格按照程序执行、认真调查，依规处理或移交其他主管部门，并在年度报告中将违规行为及处理结果向社会公布。例如，轻微案件、行政管理案件、民事或刑事案件以及计算机事故案件等，具体内容涉及科研剽窃、经费滥用、资助欺诈以及项目收入使用不当等。

5.7.3　加大项目公示力度

公示既是一道程序，更是一种监督手段。目前由于多种原因公示的信息只包括项目名称和承担单位，信息量偏少、公示范围偏窄，未能发挥公示的真正作用。建议加大公示信息量。公示的信息中应包括项目名称、承担单位基本情况、项目主要内容、预期目标、资助金额等主要信息。建议扩大刊登公示信息的媒体。除了在山西省有关科技信息网站上公布外，还应在省政府相关网站、各大日报等主流媒体上发布。

5.7.4 完善科研信用管理

在科技计划项目的申报、立项、实施、结题等各个环节中，应对项目执行或者参与的相关责任主体进行客观的科研不端与失信行为的记录，依据记录进行信用评级，按信用评级结果实行分类管理。同时，应充分利用"黑名单"制度，将严重不良信用记录者记入"黑名单"，阶段性或永久取消其申请财政资助项目或参与项目管理的资格。以此提高科技计划项目的执行质量和管理水平，增强科技计划实施过程中的道德规范，促进形成科技界诚实信用的良好风气。

5.8 建设科技计划评估体系

5.8.1 建立科学、可行、易操作的科技计划评估指标体系

由于科技计划评估相对于以往的科技管理而言是一种"额外支出"，这就要求在进行科技计划评估的时候一定要秉承"少花钱多办事"的原则，在进行科技计划评价的时候要抓住评估的主要方面，提纲挈领，科学、快捷、有效地进行科技计划评估，具体主要考虑计划执行、收益情况、外部贡献3个方面。执行情况评估应包括进度完成、经费使用、技术途径、技术关键点的进展等问题，其内涵为"预期目标""研究进度""技术路线""经费使用"和"创新程度"5个方面。效益评估应包括经济效益和社会效益评估。经济效益主要包括投入产出比、产出规模、新产品、知识产权、技术推进、市场占有率等；社会效益主要包括人才培养、资源节约利用、环境保护、生活质量提高及对社会贡献等。外部贡献评估内容包括项目对推动科技进步、经济建设和社

会发展所发挥的作用，推广应用程度与应用潜力等。此外除了计划执行、收益情况、外部贡献外还应该注意根据实际情况，如科技计划项目的不同、评估阶段的不同，从而扩大科技计划评估的指标体系的范围，可根据事前评估、事中评估、事后评估时间段的不同，对不同的指标加以适当的权重处理。

5.8.2 制定信用评价指标体系

对项目实施过程中的相关机构、主要承担单位和责任人，以及咨询、评审专家等进行信用记录和信用评价，并将其信用状况作为科技计划决策的重要依据。制定计划信用评价指标体系，建立科技计划管理信用数据库，实行奖优罚劣。落实项目执行与完成情况考核制，对项目计划执行与完成程度进行考核，采取适当的奖罚措施。在评估中引入对评估专家的反评估机制，加强对评估机构评估过程的监督，将反评估结论和监督结果作为评估机构选择或专家选择的依据。

5.8.3 引入第三方评估体系

引入科技评估中介机构，利用科技中介机构拥有的知识优势和人才优势，以政府管理部门委托授权的形式，客观、独立、公正地对科技计划进行评估，并要求评估中介机构对所做的评估结论承担法律责任。为了确保项目评估、验收工作的公正性，经立项的各类科技计划项目，其评估、验收（包括专项审计）所产生的一切费用，应从科技项目管理费中支出，从而保持科技评估经费的独立性和科技评估工作的公正性。

5.8.4 制定切实可行、科学合理科技计划评估办法

建议在对科技计划项目评估的时候采用设置筛选类指标的方法。此类指标的评估结果只有两种，即，"是"或"否"。如不满足该类指标，

项目没有必要进行继续评估。筛选类指标要求属性值之间的界限是清楚的，而且要求属性值只有"是"与"否"两种。筛选类指标的设置使评估过程中可以经过简单评估去除部分不合格的项目，从而简化评估工作量。

5.8.5　完善科技计划绩效评价机制

科技计划的绩效评估不但可以作为未来经费预算的重要依据，也为科技计划管理的进一步完善提供建议。当前，山西省在科技计划项目绩效评估方面开展了一些实践。然而，计划层面的绩效评估尚未开展。尽管改革方案明确提出要对科技计划进行绩效评估，但具体实施细则尚未出台。建议出台相关办法，明确计划评估程序、评估主体、评估标准等，完善科技计划绩效评估机制。

结束语

当前，山西省正在抓紧建设省国家资源型经济转型综合配套改革试验区。借此契机，应进一步深化山西省科技计划（专项、基金等）管理改革。通过调整，加大对国家科技计划项目地方配套资金的覆盖面，实行全面配套，鼓励省内企事业单位积极承担国家科技计划项目。通过配套，努力把国家项目研发活动纳入省内科技计划统一管理。通过优化，努力吸引国家研发队伍和研究机构来晋开展工作，提升山西省的自主创新能力与水平，力争更多的国家科技重点支持。通过共建，加大全省科技投入，带动全省自主研发能力提高。这些对于山西加快实现转型发展、实现循环可持续发展具有重要的意义，望山西能够抓住这一契机，加快实现科技创新与经济社会发展的深度融合、互促共进。

参考文献

［1］ 中华人民共和国科学技术部.2014年国际科学技术发展报告［M］.北京：北京科学技术出版社，2014.

［2］ 李庆涛，王丽，华牛芳.改革国家科技计划管理的思考与建议［J］.经济师，2014，（10）：9-12.

［3］ 丁辉主编.政府科技管理沿革与启示［M］.北京：科学技术文献出版社，2014.

［4］ 中华人民共和国科学技术部发展计划司.国家科技计划年度报告（2011）［Z］.http://www.most.gov.cn/ndbg/2011ndbg/.

［5］ 中华人民共和国科学技术部发展计划司.国家科技计划年度报告（2013）［Z］.http://www.most.gov.cn/ndbg/2013ndbg/.

［6］ 赵铮，顾新.发达国家科技计划管理及其对我国的启示［J］.科技管理研究，2008，28（12）.

［7］ 李健，王丽萍，刘瑞.美国大数据研发计划及对我国的启示［J］.中国科技资源导刊，2013，（1）.

［8］ 曹健林主编.国际科学技术发展报告2014［M］.北京：科技文献出版社，2014.

［9］ 常静.美国技术创新计划（TIP）投入及预算管理研究［J］.科技发展研究，2011，（1）.

［10］ 吴著，邓婉君.建立大范围公私合作的机制——欧盟联合技术促进计划的启示［J］.中国科技论坛，2012，（7）.

［11］ 王海燕, 冷伏海, 吴霞. 日本科技规划管理及相关问题研究［J］. 科技管理研究, 2013, （15）: 29-32.

［12］ 日本内阁府, S&T Administration in Japan［EB/OL］.［2018-06-15］. http://8.cao.go.jp/cstp/english/about/administration.html.

［13］ 日本内阁府. Basic Policy for Management of ImPACT(Provisional) ［EB/OL］.［2018-06-15］.http://www8.cao.go.jp/cstp/sentan/about. kakushin.html.

［14］ Pré sentation,http://www.agence-nationale-recherche.fr/financer-votre-projet/presentation/.

［15］ Dynamiser l'enseignement sup é rieur et la recherche, Unenouvelle ambition pour la recherche projet port é par Genevi è ve Fioraso, http://www. gouvernement.fr/action/

une-nouvelle-ambition-pour-la-recherche.

［16］ Examens de l'OCDE des politiques d'innovations France 2014. OCDE.

关于实施科技创新的若干意见

（晋发〔2015〕12号）

为认真贯彻落实省委十届六次全会和全省经济工作会议精神，实现科技创新新突破，着力解决我省科技创新能力不足、科技投融资体系不健全、科技创新体制不顺、机制不灵活、改革滞后和政策不完善等问题，特别是科技创新认识不到位、氛围不浓厚、政策不落实、与产业结合不紧，以及企业作为创新主体的作用尚未有效发挥和人才团队严重匮乏等突出问题，现就实行科技创新提出如下意见。

一、指导思想和主要目标

深入贯彻党的十八大和十八届三中、四中全会和习近平总书记系列重要讲话精神，全面落实《中共中央、国务院关于深化体制机制改革加快创新驱动发展战略的若干意见》（中发〔2015〕8号），围绕"四个全面"战略布局，坚持需求导向、改革取向、人才为先、遵循规律和全面创新的原则，加快实施创新驱动发展战略，推动我省"六大发展"。

到2020年，全省研究与试验发展经费（R&D）占地区生产总值（GDP）的比重达到2.5%以上。科技创新城核心区基本建成，煤基科技攻关取得重大突破，引领支撑煤炭产业"六型转变"，在煤炭清洁高效利用方面做出突出贡献。高新技术产业增加值占地区生产总值比重、科技成果转化率、科技进步对经济增长的贡献率力争达到全国平均水平，形成创新驱动发展新局面。

二、统筹推进全面创新

（一）形成以科技创新为核心的全面创新新格局。统筹推进以科技创新为核心的经济和社会发展等领域的体制机制创新，统筹推进技术创新、产品创新、企业创新、商业模式创新、管理创新和体制机制创新，统筹推进军民融合创新。实现科技创新、制度创新、开放创新的有机统一和协同发展。

（二）建立以产业创新为重点的科技创新新机制。围绕产业链部署创薪链，依靠科技创新做好"煤"与"非煤"两篇大文章。以大型煤炭企业为主导，推动煤炭、焦化、冶金、电力等传统支柱产业实现"六型"转变。在高端装备制造、新能源、现代煤化工、新材料、节能环保、食品医药、现代农业、现代服务业等新兴领域，组织实一批重点科技计划、应用示范工程和重大产业化项目，实现创新发展。

三、深化科技管理体制机制改革

（三）改革省级科技计划（专项、基金）管理体制。强化顶层设计，搭建公开统一的山西省科技管理平台，建立省科技计划管理部门联席会议制度，成立战略咨询与综合评审委员会，形成符合我省实际、与国家五大计划衔接的省级科技计划体系。建立依托专业机构管理科研项目的机制，政府部门不再直接管理具体项目。

（四）建立省科技重大专项和重点项目形成与立项机制。聚焦我省煤基产业创新重大任务，以清洁高效利用为主线，编制《煤基低碳产业创新链》年度版，形成科技重大专项。着眼高新技术产业培育发展，组织实施重点攻关项目。加强过程管理，制定出台山西省重点产业创新链及项目管理办法和山西省科技招投标管理暂行办法，建立与国家重大专项、重点项目对接机制。

（五）加快推进科研项目经费管理改革。加大《国务院关于改进加强中央财政科研项目和资金管理的若干意见》（国发〔2014〕11号）的落实力度，积极研究建立符合科研规律、适应创新驱动发展要求的科技经费管理新模式，实行绩效管理，提升使用效益。

（六）深化高等院校科研体制改革。加大科技成果转化和技术转让在高校职称评审条件中的权重，对教学科研型和科研教学型教师形成正确导向。调整专业设置，突出学科特色，打造一批服务产业创新的学科群。建立政府牵头、高校和企业参加的定期沟通机制，实施面向产业需求的协同创新计划，推动高校成果在我省转化，推动企业技术难题在高校解决。

（七）深化省属科研院所改革。强化科研属性，深化分类改革。支持建设中试基地、技术研发实验平台。支持建设集应用技术研发、成果转化为一体的新型研发机构。支持以股份制形式改革或与企业联合成立研发中心。对具有公益性服务职能的，以政府购买服务的方式予以支持。

四、强化企业技术创新主体地位

（八）推进企业成为技术创新决策主体。企业要建立开发经营和科技创新一体化决策机制，把技术创新作为重大决策事项，政府要吸纳企业参与研究制定技术创新规划、政策和重大科技项目的决策。

（九）支持企业完善技术创新组织。强化大型企业创新示范作用。支持企业建立省级以上重点（工程）实验室、工程（技术）研究中心、企业技术中心等研发机构。力争到2020年全省规模以上工业企业都有研发活动，全省规模以上工业企业建立研发机构占比超过15%。培育发展高新技术企业、科技型中小微企业。建立健全技术创新服务体系，引导中小微企业开展创新活动。

（十）**引导企业牵头科技攻关和创新成果转化**。支持建立以产权为纽带、产学研合作的产业技术创新战略联盟。鼓励有条件的骨干企业牵头开展重大科技研发活动。构建由企业牵头、产学研协同的科技攻关机制。对企业取得技术创新成果并推广应用的，政府予以后补助或奖励补贴。建立政府采购"首台（套）"重大新产品制度。落实国家重大装备的"首台（套）"保险政策。

（十一）**鼓励企业加大技术创新投入**。探索运用财政补助机制激励引导企业建立研发准备金制度，有计划、持续性地增加研发投入。全面落实企业研发投入视同利润制度。省属重点国有企业研发投入占主营业务收入的比重达到 1.5% 以上。把研发投入和技术创新能力作为政府支持企业技术创新的前提条件。全面落实普惠性财税优惠政策，完善企业研发费用计核办法，做好企业研发费用加计扣除政策的落实工作。

五、加速科技成果向现实生产力转化

（十二）**提高科技成果转化源头价值**。改革科技成果评价办法，加大对科技成果转化绩效良好的高校、科研机构的支持力度。实行科技报告制度。实行科技成果后补助和协议后补助政策。

（十三）**落实成果转化激励政策**。加快下放科技成果使用、处置和收益权。财政支持的高等院校、科研院所的知识产权授权后 2 年内未实施转化的，须公开挂牌交易。

加大科研人员股权激励力度。在利用财政资金设立的高等院校和科研院所中，将职务发明成果转让收益在重要贡献人员、所属单位之间合理分配，对奖励科研负责人、骨干技术人员和团队的收益比例提高到50% 以上。专利技术或科技成果作价出资最高可占注册资本的 70%。

鼓励企业实施科研人员股权、期权、分红等激励政策。国有企事业单位对职务发明完成人、科技成果转化重要贡献人员和团队的奖励，计入当年单位工资总额，不作为工资总额基数。

（十四）**发展科技成果交易市场。**面向全球优选科技成果，建设科技成果储备、交易中心。稳定和健全各级技术市场管理机构。加快培育一批熟悉科技政策和行业发展的社会化、市场化、专业化科技中介服务机构。建立健全科技成果"线上线下"登记制度和转移转化交易机制。积极推动财政资金支持形成的公共科技成果及其他各类科技成果入场交易。

六、建立重点人才团队和平台协同发展的机制

（十五）**加大高层次人才及团队引进力度。**研究建立引进高端人才团队的资金支持方式，创新省级各类人才专项资金使用方式，围绕我省产业发展重点领域，利用5—10年的时间，引进和培育30—50个有望形成重大产品、重点产业，解决重大关键技术问题的高端人才团队。采取"产业资本＋人力资本"的模式，积极引进国内外企业集团和跨国公司，特别要力争引进其核心研发团队或成立分支机构。省、市、县（市、区）或有关企业、单位同比例配套资金，明确责任，完善政策，全面推进引进工作。继续深入实施"百人计划""三晋学者"计划。

（十六）**建立健全更为灵活的科研人才及团队双向流动机制。**打破身份限制，改进科研人员薪酬和岗位管理制度，鼓励高校、科研院所科研人员到企业兼职，兼职经历纳入专业技术职务考核内容。符合条件的科研院所的科研人员经所在单位批准，可带着科研项目和成果到企业开展创新工作或创办企业，3年保留原有身份和职称。允许高等学校和科研院所设立流动岗位，支持企业技术人员承担科研教学任务。

完善科研人员在企业与事业单位之间流动时社保关系转移接续政策。

（十七）**创新人才评价机制。**完善企业、高校和科研院所科技人员评价标准，引导科技人员分类发展。遵循科研成果产出规律，探索合理考评周期。

（十八）**制定科技资源（大型科学仪器设备、公共数据）共享政策和制度。**发布"大型科学仪器设备开放共享目录"和"山西省科技基础条件平台开放共享目录"。建立统一开放的科技资源网络管理与服务平台。出台企事业单位科技资源开放共事的财政激励政策。

（十九）**优化重点平台布局。**按功能定位分类整合重点（工程）实验室、工程（技术）研究中心。围绕全省转型发展需求、重点产业领域和重点学科，制定山西省重点科技创新平台和团队建设组织管理办法，在原有平台基础上探索建立重点平台和重点人才团队，实行一体化规划、一体化培育和集中投入机制。支持省级创新平台升级为国家级平台。

七、构建多元化科技投融资体系

（二十）**建立财政科技投入稳定增长机制。**积极增加省本级财政科技投入，加大市县科技投入。创新财政资金投入机制，完善稳定性支持、引导性支持、奖励和后补助等方式。发挥好与国家基金委联合设立的煤基低碳联合研究基金的作用，支持发展煤炭清洁利用等推动科技创新发展的各类联合基金。

实施科技创新券政策，每年安排一定金额的科技创新券，对科技型中小微企业购买创新服务、开展技术合作等给予支持。

（二十一）**加快创业投资发展。**设立科技成果转化基金、创业投资引导基金，通过阶段参股、跟进投资、风险补助（补偿）、投资保障、收益让渡等方式，引导国内外创业投资基金、私募股权投资基金、天使投资等在我省开展创投业务，落实国家对种子期、初创期创新活动投资的税收优惠政策，允许有限合伙制创业投资企业实行税收抵扣。

（二十二）**完善科技金融服务。**建立科技成果转化引导资金支持、风投资金参与、产权交易一体化的协同转化机制。加快科技小额贷款公司、科技支行、科技担保公司等科技金融机构建设。大力推进知识产权质押融资。建立科技型中小微企业创新产品市场应用的保险机制。

建立政府引导科技型企业进入资本市场的引导资金，鼓励支持有条件的高新技术企业在国内主板、中小企业板、创业板和"新三板"挂牌、上市融资。对在主板、中小企业板、创业板上市的，由省本级财政给予 100 万元的一次性奖励；对在"新三板"上市的，奖励 50 万元；对在山西股权交易中心挂牌并完成股份制改造、实现融资成功的，奖励10 万元。

积极探索股权众筹、网络借贷等互联网融资新模式，支持创新创意企业开展非标融资。

八、实施重大科技创新工程

（二十三）**科技创新城建设工程。**严格执行规划，创新省、市、城联动的科技城管理发展模式，打造国际低碳技术创新高地、国家煤基产业科技中心、山西转型综改试验先导区、"互联网 +"创新产业集聚区、低碳智慧创新城。着力开展引进人才团队及创新政策试验、科技成果和金融结合试点、大型科学仪器设备共建共享示范，建成国家煤基低碳自主创新示范区的核心区。

构建服务全省的科技资源、创业孵化、科技金融三大公共科技服务平台，形成我省创新创业的龙头示范基地。利用云计算、大数据、移动互联网等信息技术手段，建设集创新资源共享、信息交互、成果转化、技术转移、企业培育、资本对接于一体，"线上""线下"友好互动的科技服务新业态。

（二十四）低碳创新发展工程。实施煤基低碳科技重大专项，在煤炭清洁高效利用技术、煤层气开发利用技术、高端煤化工技术、节能环保技术、高效储能技术以及 CO_2 捕集、封存和利用技术方面组织重大技术攻关，实现核心技术重大突破。做大做强低碳发展高峰论坛，建立专门机构，筹建永久会址，调动社会化力量，实行市场化运营，使论坛成为低碳新理念的传播平台、低碳新成果的展示平台、低碳新技术的交易平台。抓好晋城市国家低碳城市试点。推进低碳机关、低碳企业、低碳社区示范行动。

（二十五）新兴产业培育壮大工程。围绕我省高端装备制造、新材料、新能源、现代煤化工、节能环保、信息技术、食品医药、现代农业、文化旅游、现代服务业等新兴产业，开展科技重大攻关行动，突破一批具有引领和带动作用的核心关键技术，形成一批有竞争力的新产品、新企业、新业态。

（二十六）园区提质升级工程。加强分类指导，明确主攻方向，完善各类园区创新体系。太原、长治高新区要突破空间限制，搭建增材制造、"互联网＋"等创新创业平台，充分发挥国家级高新区的示范带动作用。加快推进各级各类经济技术开发区建设科技创新园，探索新建一批省级高新区和高新技术产业化示范基地，不断拓展高新产业发展空间。优化园区管理体制，吸引国内优秀园区运营公司、企业和社会组织参与园区管理，参股孵化器、加速器和园区建设。发挥园区创新资源富集的优势，大力发展低成本、全要素、便利化、开放式的众创空间，打造最优"创客栖息地"。

九、推动形成深度融合的开放创新局面

（二十七）加速融入全球研发创新网络。积极推动引资、引技、引智有机结合，支持世界一流大学、科研院所和世界 500 强企业在我省设立新型产业技术研究院和产业化基地，鼓励跨国公司、行业领军企业在我省设立研发中心、财务中心、销售中心等功能性机构，推动国外高端创新资源与我省创新需求紧密对接。鼓励和支持我省企业到境外设立、兼并和收购研发机构，探索建设国际联合研究中心、国际技术转移中心。

（二十八）深化区域科技合作。建立省部会商机制，落实会商议定事项，在区域创新体系建设、产业转型等方面争取国家更多支持。加强与环渤海及京津冀地区科技合作，开展区域协同创新，实现互利共赢。扩大科技计划开放合作。鼓励省外、国外研发机构和高校联合我省单位承接省科技重大专项和重点攻关项目。

（二十九）推进军民融合创新。建立健全地方、军队、企业、社会融合创新体制机制，研究制定深化军民融合创新的指导意见。在符合国家和省发展规划的领域，对军地联合攻关项目给予优先支持。在创新平台、人才引进、资源共享方面，充分发挥军工与地方优势互补作用，合力推动军民深度融合发展。

十、营造良好的创新创业环境

（三十）强化科技创新意识。各级各部门领导干部要树立强烈的科技创新意识，想创新、学创新、敢创新、会创新，主动支持、引导、服务大众创业、万众创新。每年召开全省科技创新奖励大会，对创新企业和人才进行表彰。

（三十一）营造遵循规律、鼓励创新、宽容失败的环境氛围。开展创新型城市、创新型企业、创新型社区等认定和奖励。加大全民科学素质纲要实施力度，举办科普展览、讲座，建设科普画廊、科普基地。充分运用各类媒体，拓宽传播渠道，宣传重大科技成果、典型创新人物和企业，培育良好的创新文化。

（三十二）**依法保护知识产权**。加大对知识产权创造、保护、运用的扶持力度。推动企业建立知识产权预警机制，健全权利人维权机制，完善知识产权审判工作机制。加大对知识产权侵权和假冒行为的打击力度，将侵权行为信息纳入社会信用记录。

（三十三）**加强科研诚信建设和信用管理**。建立科技人员和项目评审专家诚信档案。发挥高校、科研院所和学术团体的自律功能，加强科研活动信息公开，加大对学术不端行为的惩罚力度。

（三十四）**强化创新绩效考核**。把创新驱动发展成效纳入对地方领导干部的考核范围。强化目标责任考核，加大科技创新指标权重。

（三十五）**落实各级职责任务**。各级党委和政府要从全局的高度，建立完善"一把手抓第一生产力"工作机制，围绕实施科技创新，制定细化工作方案，出台具体办法措施，确保各项政策措施有效落实。

山西省深化省级财政科技计划（专项、基金等）管理改革方案

（晋政发〔2015〕35号）

为深入贯彻《国务院印发关于深化中央财政科技计划（专项、基金等）管理改革方案的通知》（国发〔2014〕64号）精神及《中共山西省委山西省人民政府关于实施科技创新的若干意见》（晋发〔2015〕12号）要求，结合我省实际，制定本方案。

一、总体目标

面向我省经济社会创新发展的实际需求，加快转变政府科技管理职能，按照明晰政府与市场的关系、科技经济深度融合的基本原则，聚焦全省重大战略任务，强化顶层设计，打破条块分割，改革管理体制，统筹科技资源。建立全省公开统一的科技管理平台，建立总体布局合理、功能定位清晰的科技计划（专项、基金等）体系和公开透明的组织管理机制。

二、建立公开统一的科技管理平台

（一）建立科技计划（专项、基金）管理联席会议制度

建立由省科技厅牵头，省财政厅、省发展改革委、省经信委、省教育厅、省人力资源社会保障厅、省农业厅、省林业厅、省卫生计生委、省中小企业局、省农机局、省农综开发办、省委人才办、省留学生办等相关部门参加的科技计划（专项、基金等）管理厅际联席会议（以下简称联席会议）制度，制定议事规则，审议科技发展战略规划、科技计划（专项、基金等）的布局与设置、重点任务和指南、科技计划

（专项、基金等）动态调整方案、战略咨询与综合评审委员会的组成、专业机构的遴选择优等事项。省财政厅按照科技计划（专项、基金等）的布局、重大专项设置以及预算管理的有关规定统筹配置科技计划（专项、基金等）预算。各相关部门做好产业和行业政策、规划、标准与科技工作的衔接，充分发挥在提出应用基础研究、社会公益、重大共性关键技术需求，以及任务组织实施和科技成果转化推广应用中的作用。科技发展战略规划、科技计划（专项、基金等）布局与调整和重点专项设置与调整等重大事项，经联席会议审议后，按程序报省政府审定。

（二）依托专业机构管理项目

将现有具备条件的科研管理类事业单位或企业培育改造成规范化的项目管理专业机构，通过统一的科技管理信息系统受理各方面提出的项目申请，组织项目评审、立项、过程管理和结题验收等，对实现任务目标负责。推进专业机构的市场化和社会化，鼓励具备条件的社会化科技服务机构参与竞争。此项工作具有高度的专业性和复杂性，专业机构需要有一个培育过程，可以采取试点先行、稳步推进的原则，在两到三年内完成。专业机构的遴选标准和管理制度由省科技厅统一制定，经联席会议审定后公开发布。

（三）发挥战略咨询与综合评审委员会的作用

战略咨询与综合评审委员会由科技界、产业界、经济界的高层次专家和业务管理部门有关人员组成，对科技发展战略规划、科技计划（专项、基金等）布局、指南、重大专项设置和任务分解、科技计划（专项、基金等）动态调整提出咨询意见，为联席会议提供决策参考；对制定统一的项目评审规则、建设科技专家库、规范专业机构的项目评审等工作，提出意见和建议；接受联席会议委托，对特别重大的科技项目组织开展评审。战略咨询与综合评审委员会要与学术咨询机构、协会、学会、国内外有关企业、高校、科研院所等开展有效合作，提高咨询意见的质量。

（四）建立统一的评估和监管机制

省科技厅、省财政厅要对科技计划（专项、基金等）的实施绩效、战略咨询与综合评审委员会和专业机构的履职尽责情况等统一组织评估评价和监督检查，进一步完善科研信用体系建设，实行"黑名单"制度和责任倒查机制。对科技计划（专项、基金等）的绩效评估通过公开竞争等方式择优委托第三方机构开展，评估结果作为省级财政予以支持的重要评审依据。各有关部门要加强对所属单位承担科技计划（专项、基金等）任务和资金使用情况的日常管理和监督。建立科研成果评价监督制度，强化责任；加强对财政科技资金管理使用的审计监督，对发现的违法违规行为要坚决予以查处，查处结果向社会公开。

（五）建立动态调整机制

省科技厅、省财政厅根据绩效评估和监督检查结果以及相关部门的建议，提出科技计划（专项、基金等）动态调整意见。完成预期目标或达到设定时限的，应当自动终止；确有必要延续实行的或新设立科技计（专项、基金等）以及重点专项的，由省科技厅、省财政厅会同有关部门组织论证，提出建议。上述意见和建议经联席会议审议后，按程序报省政府审批。

（六）完善科技管理信息系统

要通过统一的信息系统，对科技计划（专项、基金等）的需求征集、指南发布、项目申报、立项和预算安排、监督检查、结题验收、绩效评价等全过程进行信息管理，并主动向社会公开非涉密信息，接受公众监督。结题项目要及时纳入统一的科技报告系统。科技管理信息系统要与国家信息系统进行对接，成为国家的子系统。

三、优化整合科技计划（专项、基金等）

根据我省战略需求、政府科技管理职能和科技创新规律，优化整合省级财政所有实行公开竞争方式的科技计划（专项、基金等），不包括对省级科研机构和高校实行稳定支持的专项资金。通过撤、并、转等方式将我省各相关部门管理的科技计划（专项、基金等）整合形成以下五类科技计划（专项、基金等）：

（一）设立应用基础研究计划

重点支持重大专项、重点研发项目所需要的应用基础研究；支持支撑应用基础研究需要的基础前沿学科、交叉学科的探索等。

（二）设立科技重大专项

围绕煤炭"六型"转变、煤炭产业"清洁、安全、低碳、高效"发展迫切需要解决的重大关键技术问题，以及围绕产业发展转型升级迫切需要解决的重大科技问题设立科技重大专项，开展联合攻关，为产业创新发展提供支撑。

（三）整合设立重点研发计划

围绕我省转型发展、创新发展和做好煤与非煤两篇大文章的需求，将省科技厅管理的科技攻关计划（包括工业、农业、社会发展等）、国际科技合作计划，省发展改革委、省经信委、省农业厅、省林业厅、省中小企业局、省农机局、省农综开发办等有关部门管理的不同类型的财政科研资金和有关部门管理的公益性行业科研专项等，进行整合归并，形成省重点研发计划。

（四）整合设立科技成果转化引导专项（基金）

将省科技厅管理的科技成果转化与推广计划（包括火炬项目、星火项目、科技惠民项目、"首台套"新产品项目、中小微企业科技成果转化与推广项目等），有关部门管理的中小企业发展专项资金中支持科技创新部分归并。将有关部门管理的创业风险投资引导基金、科技成果转化引导基金，以及其他引导支持企业技术创新和成果转化的专项资金（基金），进行整合归并，建立省成果转化基金。

省成果转化基金为争取国家支持、引导社会资金的母基金，围绕山西产业转型、创新发展的需求，建立煤炭清洁利用、新能源、节能环保等系列专业化子基金，通过专业团队管理、银行托管等方式，实现成倍的放大效应，加速国内外成果在我省转化。通过风险补偿、后补助、创投引导等方式发挥财政资金的杠杆作用，运用市场机制引导和支持技术创新活动，促进科技成果的资本化、产业化。

（五）调整设立平台基地和人才专项

对省科技厅管理的（重点）实验室、工程技术研究中心、科技基础条件平台，省发展改革委管理的工程实验室、工程研究中心，省教育厅、省卫生计生委管理的重点学科及实验室以及省人力资源社会保障厅、省委人才办、省留学生办等管理的人才经费等合理归并，结合经济社会发展重点，优化布局，分类整合，重点支持优秀人才优秀团队的培养。

凡是财政资金投资的、国有企业投资的各类平台、仪器设备必须向社会开放；鼓励民营资金投资的实验平台、仪器设备向社会开放；财政资金新购置仪器、设备要实行联审评估制度，在满足使用的前提下，应购则购，避免重复购置；要制定支持政策，完善评价机制，根据开放情况给予补助、支持。加强重点领域人才团队建设，促进项目、平台、人才的有机结合，提高科技创新的条件保障能力。

上述五类科技计划（专项、基金等）要全部纳入统一的科技管理平台管理，加强项目查重，避免重复申报和重复资助。省级财政要加强对省级以上科研机构和高校自主开展科研活动的稳定支持。

四、实施进度

优化整合工作按照整体设计、试点先行、逐步推进的原则积极稳妥推进实施。

2015年，启动省级科技管理平台建设，完善科技管理信息系统。制定专业机构建设标准和有关管理制度，明确规定专业机构遴选程序。专业机构要建立完善的法人治理结构，设立理事会、监事会，制定章程，按照联席会议确定的任务，接受委托，开展工作。建立对专业机构的监督、评价和动态调整机制，确保其按照委托协议的要求和相关制度的规定进行项目管理工作。集中一部分资金在省科技厅试运行。

2016年，推进各类科技计划（专项、基金等）的优化整合，原则上对原由省政府批准设立的科技计划（专项、资金等），按照新的五个类别进行优化整合，改革形成新的管理机制和组织实方式，基本建成公开统一的科技管理平台和科技管理信息系统，实现科技计划（专项、基金等）安排和预算配置的统筹协调，并向社会开放。

2017年，经过两年的改革过渡期，全面按照优化整合后的五类科技计划（专项、基金等）运行，不再保留优化整合之前的科技计划（专项、基金等）经费渠道，并在实践中不断深化改革，修订或制定科技计划（专项、基金等）和资金管理制度，营造良好的创新环境。各项目承担单位和专业机构建立健全内控制度，依法开展科研活动和管理业务。

五、工作要求

科技计划（专项、基金等）管理改革工作是实施创新驱动发展战略、深化科技体制改革的突破口，任务重，难度大。省科技厅、省财政厅要发挥好统筹协调作用，率先改革，做出表率，加强与有关部门的沟通协商。各有关部门要统一思想，强化大局意识、责任意识，积极配合，主动改革，共同做好方案的落实工作。要加快事业单位科技成果使用、处置和收益管理改革，完善科技成果转化激励机制；加强科技政策与财税、金融、经济、政府采购、考核等政策的相互衔接，落实好研发费用加计扣除等激励创新的普惠性税收政策；加快推进科研事业单位分类改革和收入分配制度改革，完善科研人员评价制度，创造鼓励潜心科研的环境条件；促进科技和金融结合，推动符合科技创新特点的金融产品创新；将技术标准纳入产业和经济政策中，对产业结构调整和经济转型升级形成创新的倒逼机制；将科技创新活动政府采购纳入科技计划，积极利用首购、订购等政府采购政策扶持科技创新产品的推广应用；积极推动军工和民用科技资源的互动共享，促进军民融合式发展。

各市要按照本方案精神，统筹考虑科技发展战略和本地实际，深化地方科技计划（专项、基金等）管理改革，优化整合资源，提高资金使用效益，为地方经济和社会发展提供强大的科技支撑。

附件：2015年重点任务分工及进度安排表（略）。

山西省科技计划（专项、基金等）
管理厅际联席会议制度

（晋政办函〔2015〕122 号）

根据《山西省深化省级财政科技计划（专项、基金等）管理改革方案》（晋政发〔2015〕35 号）要求，为建立公开统一的科技管理平台，做好省级财政科技计划（专项、基金等）管理的宏观统筹，强化部门协作，建立山西省科技计划（专项、基金等）管理厅际联席会议（以下简称联席会议）制度。

一、主要职责

联席会议是加强科技计划（专项、基金等）宏观管理和统筹协调的重要制度安排。主要职责是：

（一）审议科技发展战略规划；

（二）审议科技计划（专项、基金等）布局、重大专项调整；

（三）审议科技计划（专项、基金等）动态调整方案；

（四）审定科技计划（专项、基金等）设置、重点任务和指南、年度重点工作安排；

（五）审定科技计划（专项、基金等）项目管理专业机构；

（六）审定战略咨询与综合评审委员会人员组成、职责和工作规则；

（七）审议战略咨询与综合评审委员会提出的重大建议；

（八）承办省委、省政府交办的事项。

二、组织体系

（一）成员单位

联席会议由省科技厅、省财政厅、省发展改革委、省经信委、省教育厅、省人力资源社会保障厅、省水利厅、省农业厅、省林业厅、省卫生计生委、省国防科工办、省中小企业局、省农机局、省委人才办和省留学生办等部门组成。省科技厅为牵头单位。

省科技厅主要负责人担任联席会议召集人，省科技厅、省财政厅、省发展改革委有关负责人担任副召集人，其他成员单位有关负责人为联席会议成员。各成员单位有关处室负责人为联席会议联络员。联席会议成员和联络员因工作变动需要调整的，由所在单位提出，联席会议确定。

（二）办公室

联席会议下设综合办公室和若干行业协调办公室。

综合办公室设在省科技厅，承担联席会议和战略咨询与综合评审委员会日常工作。

行业协调办公室负责战略咨询与综合评审委员会下设的行业（领域）专家组日常工作和行业（领域）项目推荐、专家论证、组织管理等，协助开展专业机构遴选、认定和管理等。

综合办公室和行业协调办公室主任由有关成员单位相关处室负责人担任。

三、工作规则

联席会议根据工作需要定期或不定期召开全体会议、专题会议和联络员会议。

（一）全体会议

由召集人主持，主要审议科技发展战略规划，科技计划（专项、基金等）布局、专项设置、动态调整方案，战略咨询与综合评审委员会提出的重大建议等；审定战略咨询与综合评审委员会组成、职责和工作规则以及重大管理举措等全局性工作。根据工作需要，召集人与副召集人可提议召开全体会议。

（二）专题会议

根据工作需要召开，由召集人主持。副召集人以及与会议议题相关的其他联席会议成员参加，主要审定科技计划（专项、基金等）设置、重点任务和指南、年度重点工作安排、项目管理专业机构等专项工作。专题会议可邀请其他有关部门、地方、单位和人员列席。审定的科技计划（专项、基金等）设置、项目管理专业机构等重要事项，要向全体会议报告。

（三）联络员会议

根据工作需要召开，由联席会议综合办公室主任主持，研究提出全体会议、专题会议议题建议并报召集人、副召集人确定；落实全体会议、专题会议议定事项。

全体会议和专题会议以会议纪要形式明确会议议定事项，印发有关部门和单位，并抄报省政府。

科技发展战略规划和科技计划（专项、基金等）的布局、重点专项设置、动态调整方案等重大事项。经联席会议全体会议审议后，按程序报省政府审定。

四、工作要求

联席会议各成员单位要按照职责分工，主动研究科技计划（专项、基金等）管理改革中的有关问题，积极开展工作。按要求参加联席会议，认真落实联席会议议定事项。联席会议综合办公室要及时向各成员单位通报有关情况，加强对会议议定事项的督促落实。

　　附件：山西省科技计划（专项、基金等）管理厅际联席会议成员名单（略）。

山西省科技计划（专项、基金等）
战略咨询与综合评审委员会组建方案

（晋科发〔2015〕171号）

根据《山西省深化省级财政科技计划（专项、基金等）管理改革方案》（晋政发〔2015〕35号）要求，为建立公开统一的科技管理平台，做好省级财政科技计划（专项、基金等）管理的咨询、评审和评议；支撑科学决策，组建山西省科技计划（专项、基金等）战略咨询与综合评审委员会（以下简称咨评委）。

一、主要职责

咨评委受山西省科技计划（专项、基金等）管理厅际联席会议（以下简称联席会议）委托，独立开展咨询、论证和评议，为联席会议提供咨询评议意见。主要职责是：

（一）对科技发展战略规划提出咨询评议意见；

（二）对科技计划（专项、基金等）布局、重点任务和指南、重点专项设置及具体项目、动态调整等提出咨询评议意见；

（三）对制定项目评审规则、建设科技项目评审专家库、规范专业机构项目评审等提出意见和建议；

（四）对重大科技战略问题提出咨询意见和建议；

（五）接受联席会议委托，对特别重大的科技项目组织开展评审、检查、验收等；

（六）联席会议委托的其他咨询评议事项。

咨评委按照行业领域，下设8个行业（领域）专家组，协助对相关专业技术领域开展咨询、论证。

二、组成与条件

（一）组成

1. 咨评委

咨评委委员通过省政府邀请和联席会议成员单位推荐等方式产生。组成人员应具有较强代表性，专业覆盖面广，年龄结构合理；总人数21名，设主任委员1名，副主任委员2名，行业（领域）委员18名。

其中：煤基低碳领域2名，由省发改委行业协调办公室牵头，由省经信委、省煤炭厅、省国资委等部门推荐产生。农业领域3名，由省农业厅行业协调办公室牵头，由省林业厅、省水利厅、省农机局等部门推荐产生。工业领域3名，由省经信委行业协调办公室牵头，由省发改委、省环保厅、省交通厅等部门推荐产生。医卫领域2名，由省卫计委行业协调办公室牵头推荐产生。基础研究领域2名，由省教育厅行业协调办公室牵头推荐产生。人才领域2名，由省人社厅行业协调办公室牵头，由省委人才办、省留学生办等部门推荐产生。财务领域2名，由省财政厅行业协调办公室牵头推荐产生。其他领域2名，由省科技厅综合办公室牵头推荐产生。

2. 行业（领域）专家组

行业（领域）专家组成员通过联席会议成员单位推荐、专家库遴选等方式产生。每组人数7—11名，设组长1名，副组长1名，成员5—9名。其中：组长、副组长由咨评委相关委员兼任。

行业（领域）专家组分布：煤基低碳组，主要由煤炭、煤电、煤化工、煤焦化、煤层气等领域专家组成。农业组，主要由农业、林业、水利、农机、气象等领域专家组成。工业组，主要由装备制造、电子信息、节能环保、交通运输、新能源等领域专家组成。医卫组，主要由医药卫生、人口健康、中医中药等领域专家组成。基础研究组，主要由数学、物理、化学、工程、材料、资源、环境等方面专家组成。人才组，主要由人才培养、引进、评价、激励等方面专家组成。财务组，主要由财务管理、经费预算等方面专家。其他组，主要由科技战略、宏观管理等方面专家组成。

（二）条件

咨评委委员和行业（领域）专家由科技界、产业界和经济界的高层次专家担任，应具备政治素养好、道德品质高、业务能力强，且满足以下基本条件：

1. 具有战略眼光和国际视野，对国内外科技发展形势有深刻认识，能从国家和全省发展层面提出全局性、战略性和宏观性意见和建议。

2. 具有高级专业技术职称，专业能力强，业界公认度高，在相关领域具有深厚的学术（技术）造诣或丰富的管理经验。

3. 坚持原则，责任心强，作风正派、办事客观公正，具有协作精神。

4. 身体健康，有足够的时间和精力，能保证参加咨评委各项工作和活动。

三、聘任与调整

联席会议综合办公室依据省政府邀请专家，结合行业协调办公室推荐，形成咨评委委员建议名单，报请联席会议审定、聘任。主任委员、副主任委员由省政府邀请（聘任）或联席会议选定。依据行业协调办公室推荐，结合专家库遴选，形成行业（领域）专家组成员建议名单，经联席会议联络员会议确定、聘任。组长、副组长由咨评委相关委员兼任。

咨评委及行业（领域）专家组实行任期制，每届任期 3 年，原则上连任不超过两届。在任期内的委员参加项目评审咨询时，自觉实行回避制度。换届时，调整委员及成员数量不少于总数的 1/2。

四、工作规则

咨评委及行业（领域）专家组受联席会议委托，遵循独立、客观、公正的原则，通过全体会议、专题会议等方式开展咨询、论证、评议工作。全体会议和专题会议由主任委员或主任委员委托副主任委员召集、主持，议题由联席会议综合办公室协商有关联席会议成员单位，以及主任委员或副主任委员后研究提出。

（一）全体会议

全体会议主要对科技发展战略规划、科技计划（专项、基金等）布局等宏观战略以及项目评审规则、评审专家库建设等重大管理事项提出咨询评议意见，确定咨评委工作制度、咨评委年度工作计划等事项。参会委员人数应达到委员总数的 2/3 以上（含主任委员、副主任委员）。

（二）专题会议

专题会议主要对行业（领域）科技计划项目申报指南、重点项目设置、项目评审和工作方案提出咨询、评议意见。或接受联席会议委托对特别重大的科技项目或事项组织开展评审或论证。专题会议议定的重要事项，要向全体会议报告。专题会议根据工作需要召开，参会人数不少于 7 人（含咨评委委员、专家组成员）。

全体会议和专题会议以会议纪要、论证意见、咨询意见或评议意见形式明确议定事项，并由主任委员或组长签字确认；同时，参会人员提交本人书面意见。必要时可采取记名投票方式，投票结果由主任委员或组长签字后，由联席会议综合办公室存档。若论证、咨询、评议意见有分歧，委员或成员可以保留意见，并随会议纪要、咨询意见等提交联席会议。若存在重大分歧，可提请联席会议委托其他专业咨询机构或在更大范围组织论证、咨询和评议。

五、工作要求

1. 认真履行职责。任职期间，咨评委委员和行业（领域）专家组成员应按照相关工作制度的要求，遵循独立、客观、公正的原则，按时参加咨评委的工作和活动，充分发挥咨询作用。咨评委对所提咨询意见负责。

2. 严守保密规定。咨评委委员和行业（领域）专家组成人员在开展咨询、论证、评议工作中，应严格遵循《中华人民共和国保守国家秘密法》《科学技术保密规定》等法律法规和相关保密制度，保守国家秘密和工作秘密。

3. 坚持利益回避原则。工作中涉及重大项目评审等事项时，与被评审对象存在直接利益关系的咨评委委员和行业（领域）专家组成员应主动回避。

4. 做好专题调研。咨评委应主动开展相关调研。根据工作需要，联席会议可委托咨评委围绕科技创新和经济社会发展重大需求、科技计划管理改革等重大问题开展专题调研。调研工作应形成调研报告，提交联席会议。具体调研工作由联席会议综合办公室商有关成员单位、咨评委委员或行业（领域）专家组成员协调安排，并给予必要经费保障。

5. 加强沟通合作。咨评委应强化与学术咨询机构、评估机构以及协会、学会等的合作，广泛听取企业、高等院校、科研院所和科技骨干人员的意见，提高咨询、论证、评议的质量和水平。

六、工作保障

联席会议综合办公室负责联络咨评委委员，负责咨评委会议筹备和协调服务，并为咨评委提供必要的条件保障。有关成员单位行业协调办公室负责联络行业（领域）专家组成员，负责行业（领域）专题论证会议筹备和协调服务。

山西省科技计划（专项、基金等）项目管理专业机构遴选原则及标准

（晋科发〔2015〕172 号）

依托专业机构管理项目是深化科技改革、建立省级财政科技管理新体制的重要组成部分。根据《山西省深化省级财政科技计划（专项、基金等）管理改革方案》（晋政发〔2015〕35 号）要求，结合本省科技计划管理的实际和需求，制定专业机构遴选原则、申请标准、确定程序和改建目标。

一、专业机构遴选及改建原则

为充分体现改革精神，结合目前的管理现状和特点，将现有具备条件的科研管理类事业单位等改造成规范化的项目管理专业机构，承担组织项目评审、立项、过程管理和结题验收。

1. 统筹布局，试点先行。面向山西省省级财政科技计划（专项、基金等），强化顶层设计，坚持质量优先，控制机构数量，避免分散和碎片化，推动形成专业机构的合理布局。结合科技计划管理改革工作，积极探索专业机构建设的工作机制、工作方式和工作流程，把握重要任务和关键环节，为科技计划管理改革积累经验。

2. 改建现有，分步推进。统筹考虑近中远期发展目标和当前紧迫需求，分阶段推动专业机构改建工作。现阶段，结合事业单位的分类改革，选取项目管理基础较好、熟悉科技业务管理工作、组织管理经验丰富的科研管理类事业单位进行改建，并承担相应的管理任务。下一步，

总结专业机构改建经验，研究制定专业机构管理办法，进一步规范专业机构管理运行，推动专业机构不断完善管理机制，逐步推进专业机构的社会化、市场化。

3.明确要求，能力导向。注重专业机构的专业化管理能力考察，在法人治理结构、内部机构设置、专业化管理团队、管理规章制度、管理条件平台等方面提出要求，明确专业机构的申请标准。在改建过程中，注重指导专业机构提升专业化管理能力和支撑服务能力，积极探索制度规范化、管理专业化、运行透明化、监督多元化的机构运行机制和项目管理模式。

4.协同配合，强化管理。根据厅际联席会议要求，充分发挥相关部门作用，加强对专业机构的指导和监督，完善专业机构管理运行体制，确保专业机构运行公开透明、项目管理公平公正；相关部门结合管理实际，逐步剥离专业机构承担的与项目管理无关的任务，不干预具体项目管理工作，确保专业机构项目管理的专门化和独立化。同时，在监督评估的基础上，建立有进有出的动态调整机制。

二、专业机构申请标准

现阶段，申请改建的单位应满足以下标准：

1.具有独立法人资格的科研管理类事业单位。主要从事科研项目管理工作，不承担科研研发任务，具有科技计划项目组织实施经验。

2.具有相对健全的内部机构设置。主要包括项目管理部门、行政管理部门、财务部门和监督部门等。

3.具有较为完善的管理制度。主要包括内部管理制度、经费制度、质量管理制度、知识产权管理制度、风险防控制度等。

4.具有较强的管理能力。具备一定规模、相对稳定、结构合理且素质较高的专业化管理队伍；在相关科技领域具备较强的业务管理能力、组织协调能力及较为丰富的项目管理经验；建立公开、公正、透明、高效的管理机制和模式，具有良好的发展潜力。

5. 具有较为齐备的管理条件。具有稳定办公场所和较完备的办公系统，以及可与山西省科技管理信息系统相衔接的项目管理平台，定期对管理人员进行专业化培训。

6. 具有良好的社会信誉。建立信用管理制度，机构运行有序，项目管理规范，无重大违规违法记录。

三、专业机构遴选程序

专业机构的确定包括项目管理能力的资格确认和承担项目管理任务的择优委托。

（一）资格确认

推荐申报。符合申请标准的科研项目管理类事业单位可向上级主管部门提出申请。在主管部门指导下，立足现有基础，按照专业机构建设目标等研究制定改建方案。主管部门向厅际联席会议办公室推荐专业机构，提交申请材料，并承诺支持专业机构改建工作，保障其独立开展项目管理。

咨询论证。省科技厅、省财政厅、省发改委对提交的申请材料研究提出初步意见，并委托咨评委专家进行咨询论证，在此基础上，结合申请单位的管理基础和管理能力，提出是否具备承担项目管理任务的资格及能否启动改建工作的意见。

（二）择优委托

择优推荐。相关部门在项目实施方案制定过程中，按照任务特点和管理要求，重点考虑项目管理业绩、任务饱和程度、工作延续性及管理工作方案可行性等方面，择优推荐出拟承担专项管理任务的专业机构，与专项实施方案一并提交厅际联席会议审议。

审议委托。经联席会议审议批准后委托授权，签订专业机构任务委托协议，明确相关方职责、权利和义务。

四、专业机构改建目标及进度安排

经过2—3年改建，形成若干家专门从事科研项目管理工作的专业机构，满足山西省省级财政科技计划（专项、基金等）管理需求（根据管理需要，可考虑选取1—2家具备条件的社会化科技服务机构建设专业机构）。专业机构建立完善的法人治理结构，形成健全的机构设置，制定完善的规章制度，建设高素质的科研管理团队，具备相关科技领域的专业化科研项目管理能力，构建项目全流程管理模式以及统一的专业化科研项目管理平台，承担科研项目的受理、评审、立项、过程管理和验收，完成联席会议委托的管理任务。

2015年，全面启动专业机构改建工作，建立专业机构管理制度，明确专业机构运行机制和保障条件。专业机构组建理事会、监事会，制定章程；优化内设机构，建立健全法务、财务、知识产权等部门；逐渐剥离与专项管理无关的业务，组建管理团队，形成具备专业背景和能力素质的职业化项目管理和支撑服务团队；制定专项管理内控制度和风险防控制度；完成与山西省科技管理信息系统集成应用工作。

2016年，进一步完善治理结构和相关管理制度；应用统一的山西省科技管理信息系统实施项目管理，完善项目管理电子档案；考虑目前我省科技计划项目管理现状，存在项目管理人员数量总体偏少，法律地位不明晰，质量控制、风险防控、监督评估体系不够健全，财务、知识产权及法律事务等方面能力尚待提高等现象，本年度为过渡期。

2017 年，出台《山西省省级财政科技计划（专项、基金等）项目管理专业机构管理暂行办法》，明确专业机构的职责与任务、专业机构的申请与推荐、专业机构的遴选与任务委托、专业机构的运行规范、专业机构的监督评估等，基本完成专业机构改建工作。

山西省科技计划（专项、基金等）监督和评估办法（试行）

（晋科发〔2015〕170号）

第一章　总　则

第一条　为落实《国务院印发关于深化中央财政科技计划（专项、基金等）管理改革方案的通知》（国发〔2014〕64号）和《中共山西省委山西省人民政府关于实施科技创新的若干意见》（晋发〔2015〕12号）精神，强化科技计划（专项、基金等）监督和评估，构建决策、执行、监督互相制约、相互协调的现代科技治理体系，根据《山西省深化省级财政科技计划（专项、基金等）管理改革方案》（晋政发〔2015〕35号）要求，制定本办法。

第二条　本办法所指监督和评估，主要是对省级科技计划（专项、基金等）管理全过程、相关科技经费使用情况进行监督和评估，为科学管理和动态调整提供参考依据。

第三条　科技计划（专项、基金等）监督和评估遵循"谁主责，谁接受监督评估""科研资金流到哪里，监督评估跟到哪里""有决策、有选择，就有评估""有授权、有委托，就有监督"等原则。

第四条　严格控制现场监督检查比例，最大限度减少对科研活动的影响。执行期为3年以内的项目只开展1次现场监督检查。同一项目一年最多只进行1次检查，对同一单位的现场监督检查要集中进行。

第二章　程序和方式

第五条　科技计划（专项、基金等）监督和评估程序：

（一）省科技厅、省财政厅和省发改委负责制定年度监督和评估工作方案，明确监督和评估对象、时间、方式和实施主体等，报省科技计划（专项、基金等）厅际联席会议审定。

（二）通过省级科技计划管理信息平台、省科技厅等有关省直部门官方网站发布监督和评估通知。

（三）被监督（评估）单位开展自查，按时上报自查报告。

（四）组成监督（评估）小组现场监督检查。

（五）梳理监督（评估）情况。针对发现的问题，要求监督（评估）单位或相关人员就有关问题提交书面说明，或向有关单位和人员询问、核实等。

（六）形成监督（评估）报告，上报省科技计划（专项、基金等）厅际联席会议审议。

（七）下达监督（评估）意见书。被监督（评估）单位应在规定时限内完成整改，并将执行结果书面上报。对监督（评估）意见书中认定问题有异议的，可以申请重新核查确认。

第六条　科技计划（专项、基金等）监督和评估采用内部控制和外部监查相结合的方式实施。内部控制主要是实行公开、公示和自查评估等。外部监查主要包括巡视、审计、监察、随机抽查、受理投诉（举报）、第三方评估，以及信息公开社会监督等。

第七条　应充分利用电子监督检查等方式，充分发挥专家和第三方机构对监督和评估工作的咨询作用。未列入年度计划的，除受理投诉（举报）外，原则上不组织监督和评估。

第三章　职责与内容

第八条　省科技厅、省财政厅和省发改委逐步建立监督和评估信息平台，建设监督和评估工作数据库、科研信用数据库、第三方机构数据库。主要监督和评估内容：全省科技计划（专项、基金等）总体实施绩效；战略咨询与综合评审委员会及行业（领域）专家组履职公平、公正、公开情况。

第九条　科技计划主管部门负责所属单位承担的科技计划（专项、基金等）的监督以及项目管理专业机构的评估，可择优委托第三方机构开展。主要内容包括：

（一）科技计划（专项、基金等）综合绩效评估，包括管理程序、成果产出、项目效果和社会影响等。

（二）项目管理专业机构履职尽责情况。项目管理专业机构是否具有独立法人资格，是否承担科研研发任务，内部机构是否健全，操作规程、经费制度、风险控制等管理制度是否完善，是否具有专业管理队伍及开展专业化培训，是否具有稳定办公场所和完备的办公系统：是否存在重大违规违法现象。

重点监督专家遴选和使用、项目评审、现场考察、结题验收等规范性运作情况，受理申请、项目立项、资金安排、验收结果等信息公开情况，以及年度报告和重大事项报告、人员回避、"痕迹化"管理等情况。

第十条　项目管理专业机构负责所属科技计划（专项、基金等）项目监督和评估。主要内容：

（一）项目承担单位落实《山西省科技计划（专项、基金等）管理办法》和有关项目管理办法情况，项目实施进度和经费使用情况，结题验收和绩效评估。

（二）项目承担单位内部项目申请、推荐、立项、主要研究人员、资金使用、大型仪器设备购置以及科技报告等情况进行监督。

第十一条　项目承担单位负责所承担项目的组织实施和经费支出的日常管理和监督。主要监督科研人员规范项目执行和经费使用，组织开展项目自查评估。

第四章　结果公开和应用

第十二条　建立健全科技计划（专项、基金等）监督和评估管理信息数据库，全面记录监督和评估结果以及整改落实情况等。

第十三条　建立科技计划（专项、基金等）监督和评估结果年度报告制度，每年9月向省科技计划（专项、基金等）厅际联席会议报告。通过省级科技计划管理信息平台、省科技厅等有关省直部门官方网站主动公开监督和评估结果，接受社会监督。

第十四条　建立科技计划（专项、基金等）监督和评估结果应用机制。科技计划（专项、基金等）绩效评估作为科技计划动态调整和优化的重要依据；战略咨询与综合评审委员会监督结果作为聘任与调整的重要依据；项目管理专业机构监督和评估结果作为改进管理、遴选和调整的主要依据；项目监督和绩效评估结果作为项目承担单位后续任务承担、经费支持、监督频率的主要依据。

第五章　附　则

第十五条　本办法自发布之日起执行。

山西省科技计划（专项、基金等）
管 理 办 法

（晋政办发〔2016〕52号）

第一章 总 则

第一条 根据《中共山西省委山西省人民政府关于实施科技创新的若干意见》《山西省人民政府关于山西省深化省级财政科技计划（专项、金等）管理改革方案的通知》精神，为加强和规范山西省科技计划（专项、基金等）（以下简称科技计划）管理，推进协同创新，提升管理效能，保证科技计划管理的公平、公正和公开，制定本办法。

第二条 科技计划面向全省经济和社会发展需求，根据创新驱动发展战略设立实施，是组织科学研究、技术开发、成果推广的重要手段，旨在跟踪全球科技最新进展，引导全省科技创新，推动科学技术成果由潜在生产力向现实生产力转化。

第三条 科技计划的管理原则

（一）遵循科学规律。把握国内、外科技革命和产业变革趋势，立足我省经济社会发展和创新实际，遵循科学研究的趋向发展探索规律和技术创新的市场规律，实行分类管理。

（二）加强统筹协调。转变政府科技管理职能，省级财政各类科技计划实行统一管理和监督评估；统筹研究开发、成果转化、条件建设、人才培养和环境营造；统筹稳定性支持和竞争性分配，促进资源优化配置和科学利用。

（三）聚焦任务需求。坚持有所为有所不为，强化需求导向，面向科技前沿和国民经济主战场，科学布局，超前部署，建立健全围绕重大任务推动科技创新的新机制。

（四）坚持市场导向。加强科技与经济在规划、政策等方面的相互衔接，围绕产业链部署创新链，围绕创新链完善资金链。强化市场配置技术创新资源的决定性作用和企业技术创新的主体作用。

（五）坚持规范高效。建立健全决策、执行、评价相对独立、互相监督的运行机制，推进科技计划管理的制度化、规范化，实行全过程的信息公开和痕迹管理，保证科技计划管理的公平、公正和公开，确保实现科技计划目标。

第四条　明确科技计划、资金管理各方职责，省直部门应做好产业和行业政策、规划、标准与科技创新工作的衔接。省财政主管部门统筹配置科技计划预算，加强科技计划协调。省科技主管部门做好科技计划的组织管理。

第二章　科技计划管理机制

第五条　科技计划管理实行厅际联席会议（以下简称联席会议）制度。省科技厅为联席会议召集人单位，省财政厅、省发展改革委为副召集人单位。省经信委、省教育厅、省人力资源社会保障厅等相关部门为成员单位。

第六条　联席会议是加强科技计划宏观管理和统筹协调的重要制度，主要负责审议科技计划布局、重点专项设置；审定科技计划设置、重点任务和指南、年度重点工作安排。

第七条　科技计划管理建立战略咨询与综合评审委员会（以下简称咨评委）咨询评议机制。咨评委委员由科技界、产业界和经济界的高层次专家担任。委员应政治素养好、道德品质高、业务能力强，人员组成由联席会议审定。咨评委受联席会议委托，独立开展咨询、论证和评议，为联席会议提供咨询评议意见。

第八条　科技计划项目的申请受理、评审立项、过程管理和结题验收等工作由项目管理专业机构执行。科技计划项目承担单位按照与省科技主管部门签订的计划任务书组织项目实施。项目管理专业机构由联席会议按照标准择优选定，承担的项目管理工作依托省级科技计划管理信息平台实现痕迹管理和公开透明。

第三章　科技计划分类

第九条　根据全省经济社会发展需求和科技发展战略规划，科技计划分为应用基础研究计划、科技重大专项、重点研发计划、科技成果转化引导专项（基金）、平台基地和人才专项等五类。

第十条　应用基础研究计划突出重点领域的应用基础研究，资助基础研究和科学前沿探索。充分尊重专家意见，通过同行评议、分开择优的方式确定研究任务和承担单位。注重人才培养，强化对优秀人才和优秀团队的持续支持，加大对青年科研人员的支持力度，营造"鼓励探索、宽容失败"的社会氛围。

第十一条　科技重大专项突出政府目标导向。聚焦全省重大战略需求和产业转型升级目标，围绕解决制约主导产业形成和发展的重大共性关键技术瓶颈和经济社会发展核心科技需求问题，设定明确可考核的任务目标和关键节点目标，在设定时限内进行集成式协同攻关。采取公开招标或定向委托的方式遴选优势单位承担。

第十二条　重点研发计划聚焦公共需求和领域。面向全省高新技术产业、现代农业和社会民生领域需要开展重点社会公益性研究、前瞻性重点科学研究、重点共性关键技术和产品研发、重点国际科技合作等，以需求为导向，按照凝练和指南申报两种形成方式组织项目实施，加强跨国别、跨行业、跨区域协同创新和开放创新，为经济社会发展主要领域提供持续性的支撑和引领。

以凝练方式形成的项目针对不同研发任务的特点和规律进行全链条创新设计，一体化组织实施，目标具体、边界清晰、周期合理，通过向社会征集项目建议，提高项目的系统性、针对性和实用性。强化项目、人才与基地建设的统筹。

以指南申报方式形成的项目针对全省支柱产业和战略性新兴产业安排，既突出产业重点，又覆盖潜在技术，充分体现创新活动的引导与覆盖相结合。加强对基础数据、基础标准、种质资源等支持。加强国内、国际科技创新合作。

第十三条　科技成果转化引导专项（基金）突出市场导向机制。明晰政府与市场的边界，充分发挥市场对技术研发方向、路线选择、要素价格、各类创新要素配置的导向和激励作用。促进科技成果转移转化和资本化、产业化，促进大众创业、万众创新。推进涉企科技资金基金化改革，加强科技和金融合作，引导社会资源向创新配置。

科技成果转化引导专项（基金）主要由企业根据自身和行业领域发展需求，先行投入和组织研发，财政采用风险补偿、后补助、创投引导等方式给予支持，形成以效益为导向、市场评价成果的机制。加大对中小企业创新、技术成果交易转化的支持力度。

第十四条　平台基地和人才专项突出创新能力建设。围绕全省重点产业和重点社会发展领域，支持各类创新平台、基地的布局建设和能力提升，支持创新人才和优秀团队的科研工作，共享创新公共资源，为提高科技持续创新能力提供条件保障。

平台基地和人才专项重点支持在相关领域具有重大影响力和带动力，具备较强资源优势、研发优势和团队优势，产学研结合紧密，能对全省创新驱动发展起到重要支撑引领作用的创新平台和团队。加大对大众创业、企业公共技术服务平台和孵化器建设的支持力度。

第四章　科技计划设立和调整

第十五条　省直部门可根据全省发展战略和科技创新实际需要。提出新设立省级科技计划以及重点专项的建议报告草案。由咨评委论证，联席会议审议。报省政府审定。

第十六条　科技计划的建议报告草案应当符合以下基本要求：

（一）拟设立的科技计划目标、任务和重点必须与经济和社会发展的总体部署和安排相协调，并符合国家产业政策、科技政策的要求；

（二）应对科技计划的类别、宗旨、目标、任务、范围、内容、管理和运行等予以明确界定，并说明该计划同现有的其他科技计划的关系；

（三）应提供科技计划的资金预算，包括所需要的资金规模和资金来源，并说明计划实期限（周期）；

（四）应提供科技计划相关领域的技术发展趋势分析和有关背景资料。

第十七条　科技计划在实期限内应具有相对的稳定性，其宗旨、目标任务的重大调整及撤销或更名，应经联席会议审定。

第十八条　科技计划完成预期目标或达到设定时限的，应当自动终止。确有必要延续实施的需经省科技主管部门和省财政主管部门提出意见，由联席会议审定。

第十九条　省直主管部门和省财政主管部门要根据科技计划绩效评估和监督检查结果以及有关部门建议，及时提出科技计划动态调整意见，经联席会议审议后，报省政府审定。

第五章　科技计划立项评审与组织实施

第二十条　省科技主管部门应当制定科技计划的具体管理办法，并可根据管理的需要，制定有关实施细则，经联席会议审定后发布。各类科技计划的实施期限一般为 5 年，计划管理办法在实施期内可以通过制定有关补充规定予以修订。

第二十一条　根据科技政策和有关法律法规，针对科技计划管理工作的实际需求，各类科技计划管理办法可以就下列事项做出具体规定：

（一）计划实施的目标、宗旨、性质、范围、周期等；

（二）计划实施的组织管理。主要涉及管理模式、实施对象、组织结构、责任主体及其相应的责任、权利和义务；

（三）计划实施的基本程序和相应的管理要求；

（四）政策及经费的支持方式和来源，经费使用范围及管理要求。

第二十二条　省科技主管部门联合省直有关部门根据省委、省政府战略部署，按照顶层设计和基层申报相结合方式，凝练重大、重点项目，编制科技计划项目申报指南。重大、重点项目信息表、计划项目申报指南在省级科技计划管理信息平台上发布。

第二十三条　科技计划项目征集凝练，主要是围绕省委、省政府重点布局和重点发展任务，通过向有关部门、高等院校、科研院所、企业广泛征集项目建议，经专家研讨、论证，凝练产生重大、重点项目。科技计划项目实行网上申报。为保证科研人员有充足时间申报项目，当项目申报通知或指南发布日到受理截止日，原则上不少于 50 天。

第二十四条　科技计划项目评审一般按照以下程序进行，受理审查（包括形式审查和资格审查）、专家评审、现场考察、行业（领域）专家组论证、咨评委评议、联席会议审定等。其中，科技重大专项按照《山西省科技项目招标投标管理暂行办法》执行，重点研发计划、应用基础研究计划、科技成果转化引导专项（基金）、平台基地和人才专项按照《山西省科技计划（专项、基金等）项目申报和评审管理办法》执行。

第二十五条　各类科技计划管理遵循本办法，并根据各自特点制定具体管理办法，包括：《山西省应用基础研究计划项目管理办法》《山西省煤基重点科技攻关项目管理办法》《山西省科技成果转化引导专项（基金）管理暂行办法》《山西省平台基地专项管理办法》和《山西人才专项项目管理办法》。

第二十六条　科技计划项目申报单位，应要符合以下基本条件：

（一）符合各科技计划对申报者的主体资格等方面要求；

（二）在相关研究领域和专业应具有较好研发基础和技术优势；

（三）具有为完成项目必备的人才条件和技术装备；

（四）具有完成项目所需的组织管理和协调能力；

（五）具有完成项目的良好信誉度。

第二十七条　省科技主管部门委托项目管理专业机构受理科技计

划项目申报。项目管理专业机构组织进行项目的专家评审，一般可采取会议评审、通讯评审、网络评审、视频评审和答辩等相结合的方式。所有参与项目评审的专家从专家库中随机抽取。专家独立发表意见和建议不受任何组织和个人干预。应当充分考虑专家组成的专业性和配置的合理性，考虑回避原则。开展重大、重点项目论证或评审时，专家组中原则上应有一定比例的省外专家。

第二十八条 联席会议委托咨评委行业（领域）专家组对项目进行论证。咨评委形成评议意见，经联席会议审定后进行公示，接受社会监督。任何单位和个人对项目持有异议的，应当在公示之日起7日内，书面向联席会议提出。联席会议收到异议书面材料后，应当对异议内容进行审核。必要时，可组织专家进行调查，提出处理意见。

第二十九条 科技计划项目从受理申请到反馈立项结果原则上不超过120个工作日。项目申报单位可通过省级科技计划管理信息平台在线查询。科技计划项目承担单位应当在项目下达后1个月内与省科技主管部门签订《山西省科技计划项目任务书》。

第三十条 科技计划项目建立进展情况跟踪制度。具体包括以下内容：

（一）项目执行。项目管理专业机构负责定期收集、汇总科技计划项目实施情况和经费使用情况，并报省科技主管部门。

（二）项目调整。科技计划项目实施过程中，需要对计划目标、执行进度、经费及承担单位等合同内容进行调整的，以及需要延期、终止或撤销的，应当由项目承担单位提出书面申请报告，经项目组织推荐单位审核同意后报省科技主管部门审核，其中涉及经费调整或清退的需报省财政主管部门核准。

第三十一条　科技计划项目未能正常实施或经费使用不合理的，省科技主管部门应当责令整改，对有严重过错并且整改不力的，可停止其项目实施，追回已拨财政经费，降低项目承担单位和项目负责人的信用等级，取消其3至5年申报项目资格。

第三十二条　科技计划项目完成后，省科技主管部门应当委托项目管理专业机构组织验收评价。验收以签订的计划任务书或合同文本、批准的可行性研究报告和确定的考核目标为基本依据，对项目产生的科技成果水平、应用效果和对经济社会的影响、实施的技术路线、攻克关键技术的方案和效果、知识产权的形成和管理、科技基地平台建设情况、创新人才的培养和队伍建设、经费使用的合理性等做出客观的评价。

科技计划项目验收主要形式包括会议审查验收、实地考核验收、项目函评验收等。根据项目的特点和验收需要，可选择一种或多种方式进行验收。因故不能按时验收的，须在完成时限前1个月提出延期验收申请。原则上延期最长不超过1年。

第三十三条　科技计划项目验收一般应按照下列程序进行：

（一）项目验收工作须在项目执行期满后半年内完成；

（二）项目承担单位在完成技术、研发总结的基础上，填报项目技术、财务验收材料；

（三）项目管理专业机构组织专家进行项目验收工作，并依据专家对项目技术、财务评价结果下达项目验收结论。

第三十四条　省科技主管部门、省财政主管部门负责对科技计划的实施绩效和项目管理专业机构的履职尽责情况等统一组织评价和考核。科技计划的绩效评价应通过委托或公开竞争等方式择优委托第三方机构开展，评价结果作为科技计划调整及预算编制的重要依据。

项目管理专业机构实行动态管理，应根据监督和评估结果及时进行调整。鼓励具备条件的社会化科技服务机构参与竞争，推进专业机构的市场化和社会化。

第六章　科技计划监管

第三十五条　建立健全信用公开制度。除涉密及法律、法规另有规定外，省科技主管部门要向社会公开科技计划项目的立项信息、资金安排和验收结果等，接受社会监督。项目承担单位要在单位内部公开项目立项、主要研究人员、资金使用、大型仪器设备购置以及项目研究成果等情况，接受内部监督。

第三十六条　完善科研信用和管理制度。建立覆盖指南编制、项目申报、评审立项、组织实施、验收评估等全过程的科研信用记录制度，对项目承担单位和科研人员、评审评估专家、专业机构等参与主体进行信用评级，并按信用评级实行分类管理。建立"黑名单"制度，将严重不良信用记录者记入"黑名单"，阶段性或永久取消其申请财政资助项目或参与项目评审、项目管理的资格。其他有关部门共享信用评分信息。

第三十七条　建立完善覆盖项目决策、管理、实施主体的逐级考核问责机制。省科技主管部门要加强科研项目和资金监管工作，按规定采取通报批评、暂停项目拨款、终止项目执行、追回已拨项目资金、取消项目承担者一定期限内项目申报资格等措施，严肃处理违规行为。涉及违法的移交司法机关处理，有关结果向社会公开。

第三十八条　建立责任倒查制度。针对出现的问题倒查相关人员的履职尽责和廉洁自律情况，经查实存在问题的依法依规严肃处理。

第七章　科技计划管理信息化

第三十九条　建立公开统一的省级科技计划管理信息平台。省科技主管部门、省财政主管部门联合省直有关部门和地方建立完善省级科技计划管理信息平台。通过管理信息平台，对科技计划的需求征集、指南发布、项目申报、立项安排、跟踪问效、验收评价等全过程进行信息管理。省级科技计划管理信息平台要实现与国家及各市项目数据库互联互通，并主动向社会公开信息，接受公众监督。省直部门管理的各类科技计划项目全部纳入省级科技计划管理信息平台。

第四十条　建立健全科技报告制度。省科技主管部门建立科技报告服务系统，实现科技资源持续积累、完整保存和开放共享。科技报告包括实施过程中产生的实验（试验）报告、调研报告、工程报告、测试报告、评估报告、年度报告、中期报告及验收报告。项目承担单位应充分履行法人责任，按要求组织科研人员撰写科技报告，做好审查和呈交，并将科技报告工作纳入本单位科研管理程序。省级财政资金支持的科技计划项目，其项目承担者必须按规定提交科技报告，未按规定提交并纳入科技报告服务系统的，不得申请中央、省财政资助的科技计划项目。

第八章　附　则

第四十一条　本办法发布之前已制定的各类科技计划管理办法如与本办法不相符的，应当按本办法重新制定或修订。

第四十二条　本办法自印发之日起施行。

山西省产业创新链及重大重点项目产生办法

（晋政办发〔2016〕52 号）

第一章　总　则

第一条　根据《中共中央、国务院关于深化体制机制改革加快实施创新驱动发展战略的若干意见》《国务院关于改进和加强中央财政科研项目和资金管理的若干意见》《国务院关于深化中央财政科技计划（专项、基金等）管理改革的方案》及《中共山西省委、山西省人民政府关于实施科技创新的若干意见》精神，按照《山西省深化省级财政科技计划（专项、基金等）管理改革方案》要求，为确保山西省重点产业创新链及重大、重点项目的顺利产生。促进管理科学化、规范化和制度化，制定本办法。

第二条　产业创新链是指围绕省委、省政府重点布局发展的煤与非煤产业，全链条一体化设计的技术创新发展方向、路径和重点任务。重大项目属科技重大专项，主要是指围绕煤炭"六型"转变、煤炭"清洁、安全、低碳、高效"发展迫切需要解决的重大关键技术问题凝练形成的项目，包括煤层气、煤电、煤焦化、煤化工、煤机装备、新材料和富碳农业等煤基低碳产业创新链项目。重点项目属重点研发计划，主要是指围绕产业转型升级迫切需要解决的重大问题凝练形成的项目，包括新能源汽车、交通与重型装备、电子信息、环保、新能源、中药、特色农产品等高技术产业创新链项目。

第三条　山西省产业创新链及重大、重点项目的部署与实施旨在突破一批技术瓶颈，攻克一批核心关键技术，打造一批共性关键技术研发平台，培育一批创新研发团队，构建基本完善的产业链创新体系，有效支撑全省产业提质、增效、升级和转型，加快实现经济结构战略性调整。

第二章　组织实施

第四条　山西省产业创新链及重大、重点项目产生由省科技主管部门组织，联合省直有关部门共同实施。煤层气、煤电、煤焦化、煤化工、煤机装备、新材料和富碳农业等煤基低碳产业创新链及重大项目产生由省科技主管部门牵头，商省发展改革委共同完成。新能源汽车、交通与重型装备、电子信息、环保、新能源等高技术产业创新链及重点项目产生由省科技主管部门牵头，商省经信委共同完成。

特色农产品高技术产业创新链及重点项目产生由省科技主管部门牵头，商省农业厅共同完成。

中药高技术产业创新链及重点项目产生由省科技主管部门牵头，由省卫生计生委共同完成。

第五条　充分吸纳产业、技术、经济、管理和战略等方面的专家，按照行业（领域）划分，分别组建不少于5人的编研（修编）团队，负责编制工作。

第六条　编制工作遵循统筹协调、创新发展、市场导向、有序推进、适度调整的原则。

第七条　编制内容包括两个方面，一是编制凝练本年度新启动产业领域的创新链及重大、重点项目，二是升级、凝练上一年度产业领域的创新链及重大、重点项目。

第三章　编制创新链与凝练项目

第八条　通过省科技主管部门、省直有关部门等官方网站发布产业创新链项目建议征集通知。面向省内及国内外企业、高等院校、科研院所以及各有关单位，广泛征集产业链技术创新需求及重大、重点项目建议。

第九条　立足产业发展现状及关键技术瓶颈、未来发展趋势及重大创新需求，着眼国际、国内产业价值链和技术链高端，以关键共性技术问题为导向，开展专题研究，编制产业创新链。

第十条　产业创新链主要由五部分组成：

（一）产业发展现状和技术瓶颈。明确我省与国内外的差距、关键技术瓶颈。

（二）技术需求及攻关路径。绘制产业技术创新路线图。

（三）重大、重点项目。坚持突破瓶颈和示范引导相结合，统筹部署基础研究、应用研发、集成转化和产业化示范等项目，确定项目优先发展顺序和资源配置比例。

（四）配套技术体系。设计重点实验室、工程技术研究中心、企业技术中心、产学研联盟、创新团队和示范基地等建设任务。

（五）预期效益。预测可实现的经济、社会和生态效益。

第十一条　按照支撑全省转型的重要性、带动整体产业升级的紧迫性、与国内外技术水平相比的创新性、攻关条件的成熟性以及对行业、经济的贡献度等，遴选本年度计划启动的重大、重点项目，研究提出省级财政资金投入比例建议。

第十二条　广泛邀请省内外产业、技术、经济、管理和战略等方面的专家或企业管理者，围绕阶段性形成的产业创新链及重大、重点项目，组织召开专题研讨会至少1次，充分研究、讨论，及时修改、补充和完善，初步形成产业创新链及重大，重点项目。

第十三条　评估和总结上一年度产业创新链及重大、重点项目凝练工作。选择性地开展专题调研，分析、研判调研情况。针对性地开展上一年度产业创新链及重大、重点项目的改进、完善和升级，形成新版产业创新链及重大、重点项目。

第四章　征求意见和专家评审

第十四条　围绕初步形成的产业创新链及重大、重点项目，分别征求山西省科技计划（专项，基金等）战略咨询与综合评审委员会（以下简称咨评委）、有关省直部门、市人民政府、高等院校、科研院所和骨干企业的意见和建议。

第十五条　组织省内未曾参与编制工作的专家开展第三方评审。针对重大、重点项目的技术水平、拟解决关键技术、创新点、技术和经济指标、拟建设的平台和团队、研发经费估算、预期经济社会生态效益等方面进行评审，形成专家评审意见。

第十六条　组织具有一定影响力的省外专家进行函审。原则上参与每个产业评审的专家不少于3人。

第十七条　组织省内有关专家，依据目标相关性、政策相符性和经济合理性，做好产业创新链重大、重点项目经费概算。

第十八条　根据征求意见、省内外专家评（函）审意见及经费概算进行修改、补充和完善，形成《山西省年度产业创新链及重大、重点项目（初稿）》。

第五章　论证、评议和审定

第十九条　根据行业（领域）划分，分别组织咨评委行业（领域）专家组对《山西省年度产业创新链及重大、重点项目（初稿）》进行论证。修改、完善形成《山西省年度产业创新及重大、重点项目（讨论稿）》。

第二十条　组织上报《山西省年度产业创新链及重点、重点项目（讨论稿）》，分别征求省政府相关行业和财政部门意见。

第二十一条　组织咨评委对《山西省年度产业创新链及重大、重点项目（讨论稿）》进行咨询评议。修改、完善形成《山西省年度产业创新链及重大、重点项目（送审稿）》。

第二十二条　提交山西省科技计划（专项、基金等）管理厅际联席会议审定《山西省年发产业创新链及重大、重点项目（送审稿）》。按照审定意见，完善、形成《山西省产业创新链及重大、重点项目（年度版）》。

第二十三条　产业创新链及重大项目的领域方向调整上报省政府审定。

第六章　附　则

第二十四条　本办法自印发之日起施行。

山西省科技项目招标投标管理暂行办法

（晋政办发〔2016〕52号）

第一章　总　则

第一条　为进一步规范和完善科技项目的申请和立项等管理工作，根据《中华人民共和国招标投标法》《中华人民共和国招标投标法实施条例》《科技项目招标投标管理暂行办法》及《山西省煤基重点科技攻关项目管理办法》，结合工作实际，制定本办法。

第二条　山西省科技计划（专项、基金等）属于招标投标范围的科技项目适用本办法。

第三条　科技项目招标投标是指招标人对拟订招标的科技项目公布指标和要求，众多投标人参加竞争，招标人按照规定程序选择中标人的行为。

第四条　科技项目招标投标遵循公平、公开、公正、择优和信用的原则。

第二章　招　标

第五条　科技项目招标人（以下简称招标人）是依照本办法提出招标科技项目并进行招标活动的法人或其他组织。

第六条　招标人开展招标工作，应具备下列条件：

（一）需要招标的科技项目已确定；

（二）科技项目的投资资金已落实；

（三）招标所需要的其他条件已达到。

第七条　科技项目招标分为公开招标和邀请招标。

公开招标是指招标人以招标公告的方式邀请不特定的法人或者其他组织投标。邀请招标是指招标人以投标邀请书的方式邀请特定的法人或者其他组织投标。

有下列情形之一的，可以实行邀请招标：

（一）技术复杂、有特殊要求或者受自然环境限制，只有少量潜在投标人可供选择；

（二）采用公开招标方式的费用占项目合同金额的比例过大；

（三）公开招标后投标人未达到最低数量要求。

第八条　招标人采用公开招标方式的，应当通过具有一定影响力的报刊、信息网络或者其他媒介发布招投标公告。

采用邀请招标方式的，应当向3个以上（含3个）具备承担招标项目能力、资信良好的特定的法人单位或其他组织发出投标邀请书。

第九条　招标公告或投标邀请书至少包括下列内容：

（一）招标人的名称和地址；

（二）招标项目的性质；

（三）招标项目的主要目标；

（四）获取招标文件的办法、地点和时间；

（五）获取招标文件收取的费用。

第十条　招标人可以根据招标项目本身的特点，在招标公告或者投标邀请书中，要求潜在投标人提供有关证明文件和业绩情况，并对潜在投标人进行初步资格审查；国家对投标人的资格条件有规定的，依照其规定。证明文件包括：

（一）科研基础证明材料；

（二）既往科研业绩证明材料；

（三）科研团队及研发能力证明材料；

（四）既往研发投入情况证明材料；

（五）针对投标项目研发资金配套能力证明材料；

（六）与所投标项目有关的知识产权证明材料；

（七）实质性开展产学研合作证明材料；

（八）单位及投标项目负责人资信证明；

（九）近两年的财务状况资料；

（十）如有配套资金，提供配套资金的筹措情况及证明；

（十一）相关的行业资质证明；

（十二）国家规定的其他资格证明。

如果通过初步资格审查的投标人数量不足 3 个，招标人可以采取邀标方式，择优选择项目承担单位；也可以委托项目管理专业机构组织进行项目评审。

第十一条　招标人根据招标项目的要求编制招标文件。招标文件至少包括下列内容：

（一）投标须知；

（二）科技项目名称；

（三）项目主要内容（含技术预测内容）；

（四）目标、考核指标构成；

（五）成果形式及数量要求；

（六）进度、时间要求；

（七）投标文件的编制要求；

（八）投标人应当提供的有关上述第十条中规定的证明文件；

（九）投标人所具备的能够承担项目的科技平台、人才团队以及产学研合作情况等证明材料；

（十）投标人是否设立科研准备金及 R&D 资金连续投入情况；

（十一）提交投标文件的方式、地点和截止日期；

（十二）开标、评标、定标的日程安排；

（十三）综合评标标准和方法。

第十二条　招标人制定综合评标标准时，应考虑技术路线的可行性、先进性和承担单位的开发条件、人员素质、资信等级、管理能力等因素，考虑经费使用的合理性、科技项目的创新性和目标的可实现性。着重考虑投标人所具备的能够承担项目的科技平台、人才团队以及产学研合作基础。

第十三条　除国家有关法律法规规定以外，招标人不得以不合理的条件限制、排斥潜在投标人或者投标人。招标人有下列行为之一的，属于以不合理条件限制、排斥潜在投标人或者投标人：

（一）就同一招标项目向潜在投标人或者投标人提供有差别的项目信息；

（二）设定的资格、技术、商务条件与招标项目的具体特点和实际需要不相适应或者与合同履行无关；

（三）以特定行政区域或者特定行业的业绩、奖项作为加分条件或者中标条件；

（四）对潜在投标人或者投标人采取不同的资格审查或者评标标准；

（五）限定或者指定特定的专刊、商标、品牌、原产地或者供应商；

（六）限定潜在投标人或者投标人的所有制形式或者组织形式；

（七）以其他不合理条件限制、排斥潜在投标人或者投标人。

第十四条　在招标文件发出后，招标人如对招标文件进行修改、补充或澄清，应在招标文件要求提交投标文件截止日期至少 15 天前以书面形式或者省级科技计划管理信息平台发布信息。进行广泛告知，并作为招标文件的组成部分；对招标文件有重大修改的，应当适当延长投标文件截止日期。

第十五条　招标人必须对获取招标文件的潜在投标人的名称、数量以及可能影响公平竞争的其他情况进行保密。

第十六条　从招标公告发布或投标邀请书发出之日到提交投标文件截止之日．不得少于 30 天。

第十七条　招标公告发布或者投标邀请书发出后，如遇下列情况之一，招标人可终止招标或邀标。

（一）发生不可抗力；

（二）作为技术开发项目的目标技术已经由他人公开；

（三）发生废标。

第三章　投　标

第十八条　投标人是指按照招标文件的要求参加投标竞争的法人和其他社会组织。

投标人参加投标必须具备下列条件：

（一）与招标文件要求相适应的研究人员、设备和经费；

（二）招标文件要求的资格和相应的科研经验与业绩；

（三）资信情况良好；

（四）拥有相关知识产权及良好的产学研合作基础；

（五）法律法规规定的其他条件。

第十九条　投标人应向招标人提供投标文件。投标文件应当加盖公章和有法定代表人的签字或印章，并通过投标人所属组织（推荐）部门审核和推荐。

第二十条　投标文件应当对招标文件提出的实质性要求和条件作出响应，至少包括下列内容：

（一）投标函；

（二）投标人概况；

（三）近两年的经营发展和科研状况；

（四）技术方案及说明，含方案的可行性、先进性、创新性，技术、经济、质量指标，风险分析等；

（五）计划进度；

（六）经费预算申报书和产学研合作协议书；

（七）投标报价及构成细目；

（八）成果提供方式及规模；

（九）承担项目的能力说明，包括：

1. 与招标项目有关的科技成果或产品开发情况；

2. 承担项目主要负责人的资历及业绩情况；

3. 具备的能够承担项目的科技平台、人才团队以及产学研合作情况等；

4. 所具备的科研设施、仪器情况及管理水平；

5. 为完成项目所筹措的资金情况及证明；

6. 投标人是否设立科研准备金及 R&D 资金连续投入情况等。

（十）项目实施组织形式和管理措施；

（十一）有关技术秘密的申明；

（十二）科技项目组织（推荐）部门签字盖章的明确的审核、推荐意见。

（十三）招标文件要求具备的其他内容。

第二十一条　鼓励省级及省级以上产业技术创新战略联盟参加投标。优先支持重点创新团队依托重点创新平台以产学研合作形式开展协同攻关。

第二十二条　产业技术创新战略联盟各方应当明确一个主要实施和责任主体，并且签订共同的投标协议，明确约定各自所承担的工作和责任，并将共同投标协议连同投标文件一并提交招标人。中标后，联盟各方当共同与招标人签订任务合同，就中标项目向招标人承担连带责任。

第二十三条　投标人应在招标文件要求提交投标文件的截止日期将投标文件密封送达指定地点。招标人应对收到的投标文件签收备案。投标人有权要求招标人提供签收证明。对在提交投标文件截止日期后提交的投标文件，招标人不予受理。

第二十四条　投标人可以对已提交的投标文件进行补充和修改，在招标文件要求提交投标文件的截止日期前送达招标人。补充和修改的内容必须用书面形式作出，并作为投标文件的组成部分。

第四章　开标、评标与中标

第二十五条　开标应按招标文件预先确定的时间、地点和方式公开进行。开标由招标人委托项目管理专业机构主持，邀请有关单位代表和投标人参加。

第二十六条　招标人委托项目管理专业机构负责组建评标小组。评标小组由受聘的技术、经济、管理等方面的专家组成，总人数为5人（含5人）以上的单数，其中受聘的专家不得少于三分之二。

投标人或与投标人有利害关系的人员不得进入评标小组。

第二十七条　评标小组负责评标，对所有投标文件进行审查。

有下列情况之一的，其投标无效：

（一）投标文件未加盖投标人公章或法定代表人未签字或盖章；

（二）投标文件印刷不清、字迹模糊；

（三）投标文件与招标文件规定的实质性要求不符；

（四）投标文件没有满足招标文件规定的招标人认为重要的其他条件。

第二十八条　评标小组可以要求投标人对投标文件中不明确的地方进行必要的澄清、说明或答辩，但投标人在进行澄清、说明或答辩时，不得超过投标文件的范围；不得改变投标文件的实质性内容；不得阐述与问题无关的内容；未经允许不得向评标小组提供新的材料。澄清、说明或答辩的内容必须用书面形式记录。

第二十九条　评标小组按照评标文件中规定的评标标准对投标人进行综合性评价比较；设有标底的，应参考标底。投标人的最低报价不能作为中标的唯一理由。

第三十条　评标小组依据评标结果，提出书面评标报告。主要内容包括：

（一）对投标人的技术方案评价，技术、经济风险分析；

（二）对投标人承担能力与工作基础评价；

（三）需进一步协商的问题及协商应达到的指标和要求；

（四）对投标人进行评标打分排名。

第三十一条　招标人委托项目管理专业机构组织专家对评标报告评价排名前三名的投标人或参与项目评审的项目申报单位进行现场考察并形成考察报告。主要内容包括：

（一）投标单位生产经营状况及管理水平；

（二）投标单位近两年开展产学研合作情况；

（三）投标单位前三年研发投入情况；

（四）与所投标项目有关的知识产权情况；

（五）已形成的研发条件平台；

（六）对投标人或项目申报单位进行考察打分。

第三十二条　招标人将项目管理专业机构组织专家形成的评标小组评标报告和考察报告，提交山西省科技计划（专项、基金等）管理厅际联席会议（以下简称联席会议）审定。

投标文件与现场考察情况严重不符或不实的不予选择。

第三十三条　招标人应在开标之日后 10 天内完成小组评标工作，特殊情况可延长至 15 天。

第三十四条　联席会议委托战略咨询与综合评审委员会（以下简称咨评委）下设的行业（领域）专家组对投标人提交的评标小组评标报告和考察报告及投标文件（项目申报材料）进行论证。根据评标小组评标报告、考察报告和论证结果初步确定拟中标单位并编制项目立项草案。项目立项草案及有关说明提交咨评委进行评议。评议意见及有关资料提交联席会议审定，审定同意后向社会公示。公示无异议后，下达科技项目招投标资金计划。招标人与中标人应当签订正式的科技计划项目任务书。

第五章　　法律责任

第三十五条　招标人有下列行为之一者，由行政主管部门责令改正；已选定中标者的，中标无效；给投标人造成损失的，应当承担赔偿责任；情节严重，构成犯罪的，依法追究刑事责任。

（一）故意将科技项目划大为小的或者故意以其他方式逃避招标的；

（二）隐瞒招标真实情况的；

（三）串通某一投标人以排斥其他投标人的；

（四）索贿受贿的；

（五）泄露有关评标情况的；

（六）违反法定程序进行招标的；

（七）定标后不与中标人签订合同的；

（八）任意终止招标的；

（九）其他违反法律法规的行为。

第三十六条　投标人有下列行为之一者，由行政主管部门责令改正；已被选定为中标者的，中标无效；给招标人造成损失的，应当承担赔偿责任；情节严重，构成犯罪的，依法追究刑事责任。

（一）提供虚假投标材料的；

（二）串通投标的；

（三）采用不正当手段妨碍、排挤其他投标人的；

（四）向招标人或招标代理机构行贿的；

（五）中标后不与招标人签订合同的；

（六）其他违反法律法规的行为。

第三十七条　评标小组成员有下列行为之一者，由省科技主管部门给予警告、通报批评、取消其担任评标小组、评标委员会成员资格的处罚；收受非法财物的，没收收受的财物；情节严重，构成犯罪的，依法追究刑事责任。

（一）收受非法财物或其他好处的；

（二）向他人透露对投标文件评审和比较情况的；

（二）向他人透露中标候选人推荐情况的；

（四）向他人透露评标其他情况的；

（五）其他违反法律法规的行为。

第三十八条　省科技主管部门的工作人员在科技项目招投标活动中徇私舞弊、滥用职权或者玩忽职守，构成犯罪的，依法追究刑事责任；不构成犯罪的，依法给予行政处分。

第六章　附　则

第三十九条　本办法自印发之日施行。

山西省科技计划（专项、基金等）项目申报指南编制办法

（晋政办发〔2016〕52 号）

第一章　总　则

第一条　根据《山西省深化省级财政科技计划（专项、基金等）管理改革方案》要求，为强化科技创新的战略引领和需求导向，保证科技计划（专项、基金等）项目申报指南（以下简称申报指南）编制的科学性、前瞻性和针对性，制定本办法；

第二条　本办法适用于应用基础研究计划、重点研发计划（以指南申报方式形成）、科技成果转化引导专项（基金）、平台基地和人才专项的项目申报指南编制。

第三条　申报指南是各类单位申报项目、各级管理部门组织推荐项目、评审专家评价和论证项目、省科技管理部门确定立项资助目的重要依据。

第四条　申报指南编制坚持自由探索与目标导向相结合、市场需求与战略部署相结合、科技发展与经济社会建设相结合的原则。

第二章　组织实施

第五条　申报指南编制由省科技主管部门组织，联合省直有关部门共同实施。

其中：应用基础研究计划由省科技主管部门牵头，商省教育厅等共同完成。

重点研发计划（以指南申报方式形成）由省科技主管部门牵头，分别商省经信委、省农业厅、省林业厅、省卫生计生委等共同完成。

科技成果转化引导专项（基金）由省科技主管部门牵头，商省财政厅、省中小企业局、省林业厅、省农机局等共同完成。

平台基地专项由省科技主管部门牵头，商省发展改革委、省经信委、省教育厅、省卫生计生委等共同完成。人才专项由省科技厅牵头，商省委人才办、省人力资源社会保障厅、省留学生办等共同完成。

第六条 充分吸纳产业、技术、经济、管理和战略等方面的专家，按照不同计划类别及分工，分别建立不少于 5 人的编制团队，负责编制工作。

第三章 研究编制

第七条 通过省级科技计划管理信息平台以及省科技主管部门、省直有关部门官方网站，发布申报指南建议征集通知。面向省直有关部门、企业、高等院校、科研院所以及各有关单位．广泛征集建议和意见。

第八条 依据全省国民经济和社会发展规划纲要及科技发展规划，立足全省科技发展现状，围绕省委、省政府年度中心工作和科技需求，结合申报指南建议和意见，编制科技计划（专项、基金等）年度申报指南，明确优先发展领域和重点支持方向，确定资助类型、资助方式和申报条件等。

第九条 邀请省内外产业、技术、经济、管理和战略等方面的专家或企业管理者，围绕阶段性形成的年度申报指南，组织召开专题研讨会至少 1 次，充分研究、讨论，及时修改、补充和完善，初步形成年度申报指南。

第四章　评议与咨询

第十条　根据行业（领域）划分，分别组织山西省科技计划（专项、基金等）管理战略咨询与综合评审委员会（以下简称咨评委）下设的行业（领域）专家组对"年度申报指南（初稿）"进行评议。修改、完善形成"年度申报指南（讨论稿）"。

第十一条　组织咨评委对"年度申报指南（讨论稿）"进行咨询。修改、完善形成"年度申报指南（送审稿）"。

第五章　审定与发布

第十二条　组织召开山西省科技计划（专项、基金等）管理厅际联席会议审定"年度申报指南（送审稿）"。

第十三条　按照审定意见，完善、确定"年度申报指南"，并通过省科技厅和省直有关部门官方网站发布。

第六章　附　则

第十四条　本办法自印发之日起施行。

山西省科技计划（专项、基金等）
项目申报和评审管理办法

（晋政办发〔2016〕52号）

第一章 总 则

第一条 根据《山西省深化省级财政科技计划（专项、基金等）管理改革方案》精神，依据《山西省科技计划（专项、基金等）管理办法》，制定本办法。

第二条 本办法适用于应用基础研究计划、重点研发计划、科技成果转化引导专项（基金）、平台基地和人才专项的项目申报和评审工作。

第三条 科技计划（专项、基金等）项目由项目管理专业机构组织评审。评审原则包括分权制衡、留痕管理、网络评审、信息公开。

第二章 项目申报

第四条 根据年度科技计划项目申报指南，通过网上集中申报，形成应用基础研究计划、重点研发计划、科技成果转化引导专项（基金）、平台基地和人才专项目等申报项目。

第五条 通过网上申报项目的单位应当符合以下基本条件：

（一）符合计划对申报者的主体资格等方面要求；

（二）在相关研究领域和专业应具有一定的学术地位和技术优势；

（三）具有为完成项目必备的人才条件和技术装备；

（四）具有与项目相关的研究经历和研究积累；

（五）具有完成项目所需的组织管理和协调能力；

（六）具有完成项目的良好信誉度。

第六条　项目负责人为项目的第一承担者。原则上项目负责人每年申报科技计划（专项、基金等）项目（包括已在研项目）不超过 2 项。

第七条　网上申报项目应提供以下材料：

（一）山西省科技计划（专项、基金等）项目申报书；

（二）山西省科技计划（专项、基金等）项目可行性研究报告；

（三）山西省科技计划（专项、基金等）项目经费预算申报书；

（四）按要求提供必要的资质证明、财务报表、前期研究成果、合作协议及市场检验证明等支撑材料。企业需提供上一年度财务审计报告。

第八条　省直有关部门和设区市科技主管部门对其所辖范围内法人单位提交的项目申报材料进行审查和推荐，重点审查项目申请单位、项目负责人及项目合作方的资质、科研能力等内容。加强科研项目重复申报审查，避免一题多报。

第三章　项目受理

第九条　项目管理专业机构按各类科技计划（专项、基金等）要求受理申报项目。

第十条　项目管理专业机构对申报项目进行审查，审查包括形式审查和资格审查。审查通过的申报项目将进入省科技计划备选项目库；如项目以各种方式进行重复申请或申报材料不符合申报指南要求，取消该项目入库资格。审查项目结果进行公示。

第四章 项目评审

第十一条 项目管理专业机构组织进行专家评审和经费预算评审，选择性地开展现场考察。专家评审意见是项目立项的重要参考依据。一般可采取会议评审、通讯评审、网络评审、视频评审和答辩等相结合的方式。实行网络化评审的项目，评审过程实现"双盲"。

第十二条 所有参与项目评审的专家从专家库中随机抽取。专家独立发表意见和建议不受任何组织和个人干预。应当充分考虑专家组成的专业性和配置的合理性，充分考虑回避原则。原则上专家组成员应有一定比例的省外专家。

第十三条 项目专家评审和经费预算评审分开进行。先组织专家评审，在确定经费概算的基础上再组织经费预算评审。经费预算评审专家组由经济管理、财务会计、专业中与经济结合较为紧密的专家组成。

第十四条 项目管理专业机构根据评审结果和现场考察情况（如果进行现场考察），提出项目评审报告和现场考察报告。省科技主管部门结合项目评审报告和考察报告。提出项目立项草案，报山西省科技计划（专项、基金等）管理厅际联席会议（以下简称联席会议）。

第十五条 联席会议办公室根据行业（领域）划分，责成战略咨询与综合评审委员会（以下简称咨评委）下设的行业（领域）专家组对项目进行论证。咨评委根据评审报告、考察报告和论证结果等形成评议意见，并提交联席会议审定，审定同意后进行公示。公示无异议后，下达科技项目资金计划。

第十六条 在省级科技计划管理信息平台上公示拟立项项目，接受社会监督。任何单位和个人对项目持有异议的，应当在公示之日起7

日内，书面向联席会议提出。联席会议收到异议书面材料后，应当对异议内容进行审核。必要时，可组织专家进行调查，提出处理意见。

第五章　项目立项与实施

第十七条　获准立项的项目，由省科技主管部门与省财政主管部门下文件。相关单位和项目申报单位可通过省级科技计划管理信息平台在线查询。

第十八条　各类科技计划（专项、基金等）项目承担单位原则上在项目下达后 1 个月内与科技主管部门签订《山西省科技计划项目任务书》。

第十九条　项目承担单位应认真履行任务书的各项约定，按时完成项目任务。

第二十条　根据项目管理的需要建立项目承担单位、项目负责人以及其他相关主体的信用评估制度。项目承担单位、项目负责人、项目管理专业机构以及评审专家等责任主体，出现的各类问题，依照《山西省科技计划项目信用管理和科研不端行为处理办法》处理。

第六章　附　则

第二十一条　本办法自印发之日起施行。

山西省应用基础研究计划项目管理办法

（晋政办发〔2016〕52号）

第一章 总 则

第一条 根据《山西省深化省级财政科技计划（专项、基金等）管理改革方案》精神，依据《山西省科技计划（专项、基金等）管理办法》，为规范和加强山西省应用基础研究计划项目管理，制定本办法。

第二条 应用基础研究计划项目（以下简称计划项目）的申报、立项、评审按照《山西省科技计划（专项、基金等）项目申报和评审管理办法》执行。本办法重点规范计划项目过程管理和结题验收工作。

第三条 项目承担单位是项目管理的责任主体，项目负责人是项目管理的直接责任人，应当建立健全内部控制和监督约束机制。

第四条 省科技主管部门负责计划项目过程管理与结题验收工作。根据科技计划管理工作需要，依照有关规定选择项目管理专业机构承担有关具体事务，保障项目实现有效管理。

第五条 计划项目管理实行科技报告制度，包括年度进展报告、重要事项报告、结题报告等，并建立覆盖指南编制、项目申报、评审立项、组织实施、验收评估全过程的科研信用记录制度。

第六条 计划项目及其管理应严格按照国家有关规定实行保密制度。

第二章　过程管理

第七条　计划任务书签订后，进入项目实施过程管理阶段。项目负责人和项目承担单位要按照计划任务书组织开展研究工作，按时完成项目任务。

第八条　项目负责人应做好项目实施情况的原始记录，按要求提交项目年度研究进展报告，内容包括项目实施进度、研究成果和经费使用情况等。

第九条　承担单位审核项目进展报告，汇总相关数据，并向项目管理专业机构提交本单位年度项目绩效报告，针对项目研究过程中存在的问题提出改进措施。

第十条　项目管理专业机构对项目进展报告和各单位年度项目绩效报告进行审查、备案，并组织进行年度计划项目绩效评价，制定有关标准和程序，提出年度绩效评价报告。必要时，项目管理专业机构可在项目实施期间对项目运行不定期专项检查。

第十一条　项目管理专业机构按时向省科技主管部门报送计划项目年度绩效评价报告，并由省科技主管部门按规定向社会公布。

第十二条　在研项目及其项目负责人有下述情况之一的，由省科技主管部门给予通报批评，暂缓拨付资助经费，并责令限期改正；逾期不改正的，撤销原资助决定，追回已拨付的资助经费；情节严重的，项目负责人3至5年内不得申报或者参与申报项目：

（一）项目执行不力，不按照项目计划任务书开展研究的；

（二）擅自变更研究内容或者研究计划的；

（三）不依照本办法规定提交项目进展报告或者研究成果的，不接受对项目实施情况的检查、监督与审计的；

（四）提交弄虚作假的报告、原始记录或者相关材料的；

（五）项目资助经费的使用不符合有关财务制度规定的。

第十三条　项目负责人和承担单位应对项目实施过程中的重要事项，如项目取得重大进展、突破，或发生可能影响合同按期完成的重大事件或难以协调的问题，须向省科技主管部门及时报告。省科技主管部门审核后，根据实际情况做出延期完成、修改（调整）完成、终止执行或撤销项目等调整。

第十四条　项目实施中，项目负责人一般不得代理或更换。

项目负责人有下列情形之一的，承担单位应及时提出变更项目负责人或终止项目实施的申报，报省科技主管部门批准：

（一）不再是承担单位工作人员的；

（二）不能继续开展研究工作的；

（三）有剽窃他人科学研究成果或者在科学研究中有弄虚作假等行为的。

第十五条　项目负责人调入省内另一单位工作，且新单位具备项目实施条件的，经所在单位与原承担单位协商一致，由原承担单位提出变更承担单位的申请，报省科技主管部门批准。协商不一致的，省科技主管部门可作出终止该项目实施的决定。

第十六条　项目承担单位应当保证项目组的稳定，项目参与人不得擅自增加或者退出。由于客观原因确实需要增加或者退出的，由项目负责人提出申请，经承担单位审核后报省科技主管部门批准。

第三章　结题验收

第十七条　省科技主管部门每年集中发布年度项目结题验收安排通知，项目负责人和承担单位按照通知要求向项目管理专业机构提交项目结题报告，并同时提交专利、论文等研究成果相关证明资料。

研究目标任务提前完成的项目，可以提前验收。由于客观原因不能按期完成目标任务的，项目负责人可以申请延期结题验收，申请延长的期限不超过 1 年，并应按时提交项目年度进展报告。

项目经延期后，到期仍不能完或目标任务的，按结题验收结论不合格处理。

第十八条　承担单位对结题资料进行审核，查看项目实施的原始记录，建立项目档案，汇总相关数据，对到期未完成目标任务的项目提出处理意见。

第十九条　项目管理专业机构收到结题验收资料后．按照项目计划任务书的要求对项目完成情况进行审查，编制年度项目结题验收工作方案，安排结题验收工作。

第二十条　项目结题验收采用专家评议方式，聘请若干名同行专家，并邀请省科技主管部门及承担单位的管理人员参加。具体组织采取分类方式进行：

（一）重点项目、优秀项目等的结题验收工作，由项目管理专业机构统一组织专家验收，采取汇报答辩、现场考察等形式；

（二）面上项目由项目管理专业机构统一组织会议验收。

第二十一条　结题验收的主要内容包括：

（一）计划任务书规定的研究内容完成情况；

（二）研究工作达到的预期目标、学术水平和科学意义；

（三）科技人才培养和队伍建设情况；

（四）项目成果的经济社会价值；

（五）经费使用情况；

（六）项目实施的经验和教训。

第二十二条　验收结论分为优、良、中或差。验收结论为"中"的项目负责人三年内不得再次申报应用基础研究计划项目，验收结论为"差"的项目按不通过结题验收处理。

第二十三条　项目取得的研究成果，须注明山西省应用基础研究计划资助和项目立项编号。应标注而未标注的研究成果不作为结题验收评定等级的依据。

第二十四条　项目验收后实行后续成果登记备案制度，项目负责人对项目结题后续三年产生的成果按年度及时如实填报。承担单位审核登记后，集中报项目管理专业机构备案。

第二十五条　项目承担单位应按照《关于加快建立国家科技报告制度的指导意见》《国家科技计划报告管理办法》等相关规定，形成科技报告并按程序公布。

第四章　监督与保障

第二十六条　项目管理专业机构应当严格执行科研信用管理机制，对项目承担单位、项目负责人和评审专家在实施项目管理中的信用情况进行评价和记录，并将相关情况及时报送省科技主管部门。

第二十七条　项目负责人伪造或者编造项目材料的，由省科技主管部门撤销原资助决定，追回已拨付的资助经费；情节严重的，3 至 5 年内不得申报或者参与申报项目。

第二十八条　承担单位有下列情形之一的，由省科技主管部门给予警告，责令限期改正；情节严重的，通报批评，3 年内不得作为承担单位：

（一）不履行保障项目研究条件职责的；

（二）对项目申请人（负责）人提交材料的真实性进行审查的；

（三）未依照本办法规定提交项目进展报告或结题报告、年度项目绩效评价报告的；

（四）纵容、包庇项目申请（负责）人弄虚作假的；

（五）擅自变更项目负责人的；

（六）不配合监督、检查项目实施的；

（七）截留、挪用基金资助经费的。

第二十九条　省科技主管部门和项目管理专业机构对评审专家履行评审职责情况进行监督，建立评审专家信誉档案；评审专家有下列行为之一的，由省科技主管部门给予警告，责令限期改正；情节严重的，通报批评，项目管理专业机构不得再聘请其为评审专家：

（一）不履行基金评审职责的；

（二）未依照有关规定申请回避的；

（三）披露未公开的与评审有关信息的；

（四）对项目不公正评审的；

（五）利用工作便利牟取不正当利益的。

第三十条　管理工作人员有下列行为之一的，依规给予处理：

（一）披露未公开的与评审有关信息的；

（二）干预评审专家评审工作的；

（三）利用工作便利牟取不正当利益的：

第五章　附　则

第三十一条　本办法自印发之日起施行。

山西省煤基重点科技攻关项目管理办法

（晋政办发〔2016〕61号）

第一章　总　则

第一条　为规范煤基重点科技攻关项目（以下简称攻关项目）的申请、立项、验收、管理等工作，加快推进山西省煤炭产业"清洁、安全、低碳、高效"发展，根据有关法律、法规，结合本省实际，制定本办法。

第二条　攻关项目主要任务是：围绕转型升级目标，以转型综改试验区建设为契机，结合产业链对创新链的需求，汇聚各方科技力量，着力解决制约山西省煤基产业发展的重大技术难题，加快提升煤基产业科技创新能力。为全面推进"高碳资源低碳发展、黑色煤炭绿色发展、资源产业循环发展"提供科技支撑。

第三条　攻关项目的设立应当遵循以下原则：

（一）以提高自主创新能力为中心，加强原始创新、集成创新、引进消化吸收再创新；

（二）以企业为主体，产学研相结合，鼓励多学科、跨部门、跨单位联合协作攻关，积极推进协同创新；

（三）专项目标、重点突破、统筹规划、分步实施；

（四）符合相关产业创新链的战略需求，技术前沿、易于推广、产业化急需。

第四条　省财政设立专项经费对攻关项目予以支持，并引导和鼓励企业、金融机构等社会资金多元投入。

第二章　组织管理

第五条　山西省科学技术厅（以下简称省科技厅）是攻关项目的组织单位. 主要职责是：

（一）协调组织攻关项目的方向、内容、任务研究；

（二）凝练攻关项目指南，并报省政府审定发布；

（三）组织攻关项目的招标、邀标和申报受理；

（四）组织攻关项目的检查、验收和绩效评价等工作。

第六条　攻关项目由省科技厅组织协调、由第一承担单位承担主体责任、由第一承担单位提议首席专家组织实施。

第七条　第一承担单位应当是科研实力雄厚、人才队伍完善、配套资金充足、在相关领域业绩突出、有意愿且有能力承担的省内外企业、高等院校、科研院所等单位，并具有产学研合作基础。

第八条　攻关项目实行第一承担单位主体责任制。第一承担单位必须是项目的责任主体，同时也是攻关项目研发或转化的实施主体，第一承担单位要调动各种力量确保攻关项目顺利实施，如有调整项目研发方向、变更产学研主要合作单位、更换首席专家等重大事项，须由第一承担单位向省科技厅报批。

第九条　第一承担单位主要职责是：

（一）落实自筹经费，负责项目经费管理，为项目实施提供保障；

（二）严格执行项目实施方案、计划任务书内容，按项目进度要求完成任务；

（三）负责项目执行过程中形成的国有固定资产和研究成果的管

理；

（四）与各协作单位签订相关协议，与有关企业签订应用合同，明确项目知识产权及成果转化权属，保护各方合法权益；

（五）及时报告项目进展情况、重大事项和经费使用情况；

（六）如实提供相关数据和资料，积极配合省科技厅对项目进行检查、评估、验收和绩效评价；

（七）根据需要提出调整实施方案或实施计划的建议；

（八）提出对项目的验收申请等。

第十条　首席专家应具备以下条件：

（一）高级职称，身体健康，学风严谨，为第一承担单位的在编、在职人员，或与第一承担单位长期合作且在项目中担负主体性任务的相关机构的在编、在职人员；

（二）科研业绩突出，曾主持完成相关领域省级（含省级）以上科研计划项目；

（三）具有较高的科学技术研究与开发能力，较强的组织协调和项目管理能力；

（四）能将主要精力用于项目的组织、协调与研究工作。

第十一条　首席专家是项目的技术负责人和实际主持人，具体负责攻关项目的组织与实施，主要职责为：

（一）负责攻关项目技术方向和集成方案设计，把握总体进度；

（二）负责研究并提出阶段实施计划和年度计划的建议；

（三）负责项目协作间的协调；

（四）参与对项目的检查、评估和验收工作；

（五）负责提出经费调整的合理建议等。

第十二条　项目组成员可以跨省市、跨部门、跨领域，鼓励高等院校、科研院所和企业支持本单位的技术人员参与攻关项目。

第十三条　省科技厅应当组织省内外同行技术专家、战略管理专家、经济管理专家及其他相关专家对投标、邀标或申报的攻关项目进行论证、评审。

第十四条　攻关项目论证和评审专家应具备以下条件：

（一）遵守国家法律、法规，具有良好的信誉和科学道德，认真严谨，客观公正，责任心强；

（二）具有高级职称，从事与被论证或评审项目相关的工作；

（三）具有较高的专业水平，熟悉相关领域的发展前沿。

第十五条　攻关项目论证和评审专家应当实行回避制度，有下列情形之一应当回避：

（一）与项目申请单位、承担单位及其人员有利害关系的；

（二）与项目申请单位、承担单位及其人员存在其他可能影响公正评审的。

第三章　项目形成及发布

第十六条　攻关项目面向产业发展需求，逐项凝练。

第十七条　攻关项目的形成及发布按以下程序进行：

（一）结合需求，精心组织，确定方向；

（二）凝练项目研究内容、目标任务、指标体系；

（三）专家进行项目论证、评审以及知识产权评议；

（四）项目经省科技厅审核，并报省政府审定后发布；

第十八条　需要招标的项目发布招标公告，需要邀标或申报的项目的由省科技厅按有关办法进行。

第十九条　攻关项目实施周期一般为 3 至 5 年，采取专项目标、连续支持、分阶段实施的方式进行。

第四章　立　项

第二十条　申报的攻关项目由省科技厅按照有关程序组织进行。需要公开招标的攻关项目经省政府审定发布后，由省科技厅组织或委托有资质的第三方机构按有关办法进行。

第二十一条　攻关项目立项应满足下列条件：

（一）符合项目指南要求；

（二）技术创新性突出、产业带动作用强、经济社会效益显著；

（三）具有明确的研究开发内容和可考核的目标；

（四）具有较好的研究开发基础和产业化条件；

（五）具有可靠的项目成果转化路径和目标企业；

（六）结构设计合理、项目关联度高、产学研结合；

（七）经费预算合理、配套经费落实；

（八）组织措施保障有力；

（九）攻关项目应具备的其他条件。

第二十二条　省科技厅与第一承担单位签订《山西省煤基重点科技攻关项目计划任务书》，同时第一承担单位和项目首席专家应签订承诺书。

第五章　实施与检查

第二十三条　攻关项目实行年度执行情况报告制度。第一承担单位应当在每年 11 月底前，编制上年度计划执行情况和有关信息报表，上报省科技厅。

第二十四条　攻关项目在实施过程中有下列情况之一的可以进行调整。

（一）市场、技术等情况发生重大变化，造成项目原定目标及技术路线需要调整的；

（二）项目自筹资金或其他条件不能落实，影响项目正常实施的，需调整原定计划任务的；

（三）协作单位情况发生变化，已影响到项目正常实施的，第一承担单位认为有必要调整合作（协作）单位的；

（四）根据项目实施需要及其他原因确实需要调整首席专家或主要参加人员的。

第二十五条　攻关项目在实施过程中有下列情况之一的予以撤销，撤销后结余资金按原渠道收回。

（一）由于不可抗力，项目的技术骨干发生重大变化，致使研究工作无法正常进行的；

（二）项目所依托的工程由于不可抗力影响，已不能继续实施的；

（三）由于不可抗力，技术引进、合作等发生重大变化导致研究工作无法进行的；

（四）由于其他不可抗拒的因素，导致研究工作不能正常进行的。

第二十六条　需要调整或撤销的攻关项目，由项目第一承担单位向项目组织单位提交申请，经项目组织单位审核后向省科技厅提出申请，经省科技厅组织专家论证后，报省政府审定。

第二十七条　攻关项目在实施过程中有下列情形之一的，由省科技厅组织有关专家进行评审或论证，报省政府批准后，作结题处理，结题项目如有结余资金，结余资金按原渠道收回。

（一）经实践证明，项目研究技术路线不可继续进行，已无实用价值，且财政扶持资金使用规范合理；

（二）因市场变化或不可抗拒因素未能完成项目任务书确定的主要目标和任务，且财政扶持资金使用规范合理。

第二十八条　省科技厅应当每年组织有关专家对在研项目进行年度检查，检查结论作为项目后续经费拨付，项目调整、撤销、结题的主要依据。

第六章　项目验收与成果管理

第二十九条　项目验收包括财务验收和技术验收。针对科研项目经费使用是否合理，由省科技厅指定会计师事务所对项目进行财务验收并出具财务审计报告，按照计划任务书要求，由省科技厅组织有关专家对项目进行技术验收并出具验收报告。

第三十条　确因客观条件导致攻关项目无法按期完成的，第一承担单位必须于合同期满前三个月内以书面形式提出延期验收申请，说明原因及延长时限，经项目组织单位审核后向省科技厅提出申请，省科技厅视实际情况予以批复。

第三十一条　攻关项目有下列情况之一的，视为未通过验收：

（一）任务完成量不到80%的；

（二）所提供的验收文件、资料、数据不真实的；

（三）未经批准擅自修改任务书考核目标、内容、技术路线的；

（四）项目研发工作与相关产业链、创新链建设需求相脱节，成果转化前景不明晰，成果转化路径不可行的；

（五）研究过程及知识产权等方面存在纠纷尚未解决的；

（六）超过任务书规定的执行年限半年以上未完成任务，事先未做出说明，通报后，仍不申请验收的；

（七）经费使用存在问题，项目财务验收未通过的。

第三十二条　未通过验收的攻关项目，应当在半年内进行整改后，重新提出验收申请。整改后仍未通过验收的。第一承担单位、首席专家三年内不得参与攻关项目相关活动，其他承担单位和有关人员视情况给予相应限制。对完成项目目标任务并按期通过验收，尚有结余资金，可在一定期限内由第一承担单位统筹安排用于科研活动的直接支出，并将使用情况报省科技厅。

第三十三条　攻关项目形成的科技成果优先在山西省境内转化推广，取得的相关知识产权和收益，依据国家及我省有关规定和有关协议执行。

第三十四条　攻关项目组织过程中涉及的保密技术或形成的涉密成果，依据保密法律、法规执行。

第七章　监　督

第三十五条　攻关项目的财政投入经费的使用应当接受省财政厅和省科技厅的监督。依法接受审计部门的审计监督。

第三十六条　项目承担单位和项目人员严禁弄虚作假、剽窃他人科研成果等科研不端行为，情节严重的，一经查实，项目予以撤销，并追回已拨付项目经费。违反法律的，依法追究法律责任。

第八章　附　则

第三十七条　山西省其他产业科技创新重大专项的申请、立项、验收、管理等工作参照本办法执行。

第三十八条　本办法自印发之日起执行。

第三十九条　山西省人民政府办公厅 2014 年 7 月 4 日印发的《山西省煤基重点科技攻关项目管理办法》（晋政办发〔2014〕54 号）同时废止。

山西省科技成果转化引导专项（基金）管理暂行办法

（晋政办发〔2016〕52号）

第一章 总 则

第一条 为贯彻落实《中华人民共和国促进科技成果转化法》及《山西省深化省级财政科技计划（专项、基金等）管理改革方案》《山西省科技计划（专项、基金等）管理办法》，规范科技成果转化引导活动，有效利用和配置科技资源，促进科技成果转化为现实生产力，特制定本办法。

第二条 本办法所称科技成果是指通过科学研究与技术开发所产生的具有实用价值的成果。科技成果转化，是指为提高生产力水平而对科技成果所进行的后续试验、开发、应用、推广直至形成新技术、新产品（首台套）、新工艺、新材料，发展新产业等活动。

第三条 科技成果转化引导专项优先支持省内自有知识产权的成果的转化推广，也可以与国内外相关高等院校、科研院所或企事业单位合作推广其优秀成果。

第四条 科技成果转化活动应当尊重客观规律，遵守法律和有关规定，有利于创新驱动发展、经济社会发展和提高人民生活水平。

第二章　支持方向和支持方式

第五条　支持方向：围绕全省产业结构调整优化、发展方式转变和经济社会协调发展，对以下方面的科技成果予以引导和扶持：

（一）能够显著提高产业技术水平、经济效益或者能够形成促进社会经济健康发展的新产业的；

（二）能够显著提高安全生产能力和公共安全水平的；

（三）能够合理开发和利用资源、节约能源、降低消耗以及防治环境污染、保护生态、提高应对气候变化的防灾减灾能力的；

（四）能够改善民生和提高公共健康水平的；

（五）能够促进现代农业或农村经济发展的；

（六）能够有效促进科技援疆、援藏和入滇，加快民族地区、边远地区、贫困地区经济社会发展的。

第六条　围绕支持方向，通过以下三种方式予以引导和扶持；

（一）公共性服务补助：根据市、县科技主管部门及技术转移转化服务机构开展科技成果转化公共性服务工作和绩效情况进行评估、考察，择优给予一定资金资助，以便进一步推动科技成果转化工作。补助经费原则上当年下达。

（二）奖励性后补助：对已经完成转化推广并取得显著经济社会效益、取得了良好的示范效应或建立了能带动相关产业或周边地区发展的示范基地的项目酌情予以奖励性补助。通过对申报项目评估、考察，择优给予一定资金的补助，原则上当年下达。

（三）协议后补助：针对申报项目进行评审、考察，择优立项，并签订计划任务书，立项时酌情给予一定的引导经费，在项目实施期限内。

根据项目实施情况酌情拨付后续经费。

第三章　申报条件

第七条　公共性服务补助申报条件：

（一）市、县科技主管部门申报补助的条件：

1. 市、县科技主管部门设有支持本地区的科技成果转化引导专项经费。

2. 制定了切合本地区实际的促进科技成果转化的相关政策、措施和办法，管理规范，并对本地区成果转化活动进行严格的绩效考核。

3. 具备完善的科技成果转移转化平台，人员配备合理。

4. 支持本地区科技成果转化和推广活动，提供相关服务，成效显著。

（二）技术转移转化服务机构申报补助的条件：

1. 申报单位为提供科技成果转移转化服务的各类中介机构，内设机构健全，有严格的财务管理制度，管理规范；具备提供科技成果转化与推广服务的专业性人才，人员配备合理。

2. 具有较强的科技成果转化与推广服务能力。

3. 为科技成果转化与推广活动提供中介服务，成效显著。

第八条　奖励性后补项目和协议后补助项目申报条件：

项目申报单位须是我省行政区域内注册、具有独立法人资格的企事业单位（包括中央驻晋企业单位）。具有健全的财务管理制度和科研管理制度。项目负责人应为具有中级以上技术职称（含中级）的科研人员或管理人员，并有 3 年以上与项目相关的工作经历。项目组成员构成应科学合理，涵盖科研、管理、推广、生产应用等多方面人员。具有良好的推广体系和模式。项目成果在本省境内转化推广（科技援疆、援藏和入滇项目除外）。已获省部级以上（含省部级）科技成果转化项目支持且尚未验收结题的项目不能申报。其中，协议后补助项目：

1. 具有与实施项目相配套的资金筹措和转化应用推广的。

2. 项目申报单位应与成果所有单位签署相关合作协议，明确任务分工，相关投入、成果及知识产权归属和利益分配机制。

3. 项目成果应符合国家及我省的产业政策，通过转化能形成新技术、新工艺、新材料、新品种和新产品（包括首台套），并且有先进性、成熟性和适用性，而且能形成示范效应或示范基地，推动相关产业的发展或带动辐射周边地区的发展。

4. 项目实施年限一般为2—3年。

5. 重点转化推广近五年来通过鉴定并达到国内先进水平以上、拥有有效知识产权、拥有新品种审定证书或获得国家、省部级科技奖励的科技成果。

第九条　优先立项支持具有产学研协同创新机制的各类创新联盟申报的项目。

第四章　组织实施

第十条　省科技主管部门发布科技成果转化引导专项年度申报指南，明确公共性服务补助、奖励行后补助和协议后补助申报的具体要求、方式及条件。

第十一条　项目管理专业机构对科技成果转化引导专项项目受理、评审立项、现场考察、中期检查、结题验收等过程进行管理，并接受省科技主管部门、省财政主管部门的监督。

第十二条　实施程序：

（一）申报单位按照申报指南要求，填写申报材料及相应的证明材料，提交至各相关组织（推荐）部门。

（二）各组织（推荐）部门认真审核申报单位提交的材料，并按时提交到项目管理专业机构。

（三）项目管理专业机构按照有关要求和办法进行项目评估、评审和考察。

（四）提交山西省科技计划（专项、基金等）战略咨询和综合评审委员会评议。

（五）报山西省科技计划（专项、基金等）管理厅际联席会议审定并进行公示。

（六）公示无异议，项目申报单位与省科技主管部门签署公共性服务补助协议、奖励性后补助协议或协议后补助项目任务书，下达经费。

（七）协议后补助项目中期考察：

1. 专业机构每半年对项目执行情况进行考核。

2. 中期考察过程中发现没有按进度完成工作、经费使用不合理、资料数据不真实、存在弄虚作假现象的，中止该项目，责令限期整改，如到期仍无改正则终止该项目，后续经费不予拨付。

3. 项目执行期内如遇不可抗拒客观因素，及时提交申请进行协商，如确实无法完成任务书要求指标的，终止该项目，后续经费不予拨付。

（八）协议后补助项目实施期满后，按照《山西省科技计划（专项、基金等）管理办法》要求组织结题验收。

第十三条　结题验收的主要内容：

（一）技术资料是否齐全，并符合规定；

（二）是否达到预定的目标和计划任务书要求的各项技术、经济指标；

（三）资金使用（包括自筹、省财政补贴、地方财政匹配和投融资经费）是否符合有关规定和要求；

（四）经济、社会和环境效益是否达到预期的目标；

（五）成果转化和推广中存在的问题及改进意见。

第十四条　项目验收意见分为通过验收和不通过验收。

（一）项目实施方案确定的目标和任务已基本完成，经费使用合理的，为通过验收，按照立项预算经费予以拨付。

（二）凡具有下列情况之一，为不通过验收：

1. 没有完成项目任务书要求的主要考核指标；

2. 所提供的验收文件、资料、数据不真实，存在弄虚作假现象；

3. 实施过程及结果等存在纠纷尚未解决；

4. 无正当理由且未经批准，超过规定的执行期限半年以上仍未完成项目任务；

5. 经费使用存在严重问题。

（三）不通过验收的项目，后续经费不予拨付。

第五章　附　则

第十五条　本办法自印发之日起施行。

山西省平台基地专项管理办法

（晋政办发〔2016〕52 号）

第一章 总 则

第一条 为贯彻落实《中共山西省委山西省人民政府关于实施科技创新的若干意见》，加强科技创新平台和基地（简称平台基地）建设，促进科技资源开放共享，提升科技创新条件保障能力，根据《山西省深化省级财政科技计划（专项、基金等）管理改革方案》，制定本办法。

第二条 本办法所称平台基地专项是指列入山西省平台基地和人才专项中的平台基地部分。平台基地包括省级重点实验室、工程（技术）研究中心、企业技术中心、科技基础条件平台、科技企业孵化器等，涵盖科学研究、技术开发与工程化、成果转化与产业化等创新链各环节。

第三条 平台基地专项实行分类管理制度，根据功能定位进行合理归并和分类整合，进一步优化布局，促进相互衔接，推动高效运行和共享。

第四条 平台基地专项在现有各类平台基地的基础上，按照产学研协同、全链条、一体化布局的指导思想，紧密围绕煤基低碳、新兴产业和重大民生等领域，择优布局、重点支持建设一批重点创新平台和基地，构建形成应用基础研究、应用技术研发、成果转化与产业化协调发展的机制。

第二章　申请与建设

第五条　平台基地应根据申报指南组织申报，申报指南按照《山西省科技计划（专项、基金等）项目申报指南编制办法》要求进行编制。

第六条　平台基地通过省级科技计划管理信息平台统一进行申报.申报材料经依托单位和组织（推荐）部门审核同意后提交，由项目管理专业机构受理和组织评审。

第七条　平台基地立项评审分为项目管理专业机构审查（包括形式审查和资格审查）、专家评审（省内外专家网评）、现场考察、经费预算评审、行业（领域）专家组论证、咨评委评议、联席会议审定等环节。评审要求按照《山西省科技计划（专项、基金等）项目申报和评审管理办法》执行。

第八条　通过立项评审的平台基地在省科技厅和有关省直部门网站面向社会进行公示，公示期7天。公示有异议的，由省科技主管部门组织专家进行调查核实；公示无异议的，按科技计划管理程序下达立项建设计划。

第九条　平台基地建设期为2—3年。建设计划任务完成后，由依托单位在建设期满1个月内向项目管理专业机构提交验收申请。因特殊原因在建设期限没有完成建设计划任务的，依托单位应向项目管理专业机构提出延期申请，延期最多不超过1年。

第十条　项目管理专业机构组织有关专家对提交验收申请的平台基地进行验收，验收采取现场考察和集中评议相结合的方式，验收结果报省科技主管部门审定。未通过验收的，延期半年再进行验收，验收结果记入信用记录。

第三章　开放与共享

第十一条　平台基地应按照《国务院关于国家重大科研基础设施和大型科研仪器向社会开放的意见》及省有关规定，将符合条件的科研设施与仪器等科技资源按照统一标准和规范纳入全省统一的科技资源开放共享服务平台，面向社会提供开放共享服务，提高科技资源利用效率。

第十二条　平台基地科技资源开放共享遵循"制度推动、信息共享、资源统筹、奖惩结合、分类管理"的基本原则，建立相应绩效考评体系和激励约束机制。

第十三条　设立省级平台基地科技资源开放共享管理服务中心，负责开放共享服务平台的日常管理和运行维护，促进平台基地科技资源配置、管理、服务、监督、评价的全链条有机衔接。

第十四条　平台基地依托单位作为责任主体，应强化法人责任，切实履行开放职责，根据开放类型和用户要求，建立专业技术人员队伍和相应管理制度，自觉接受相关部门的考核评估和社会监督，保障科研设施与仪器等科技资源的良好运行与开放共享。

第十五条　平台基地对外提供开放共享和服务，可按照成本补偿和非盈利性原则收取材料消耗费和水、电等运行费，并可根据人力成本收取服务费，服务收入纳入单位预算统一管理，用于仪器设备更新维护、人员补助、绩效奖励及日常运行管理等支出。

第十六条　加强开放使用中形成的知识产权管理，对开放共享中取得的成果及形成的知识产权，由双方事先进行约定，属用户独立开展的科学实验形成的知识产权由用户自主拥有。

第十七条　平台基地开放共享和服务情况纳入绩效考评体系。对开放共享程度高、服务效果好、用户评价高的，给予相应的后补助支持；对不按规定开放共享、服务水平低、用户评价差、设施与仪器使用效率低的，给予通报批评、限期整改或撤销资格等处理。

第四章　运行与管理

第十八条　平台基地应当重视和加强运行管理，完善管理体制和运行机制，建立健全内部规章制度。

第十九条　平台基地的建设、日常运行管理及绩效实行年度考核和定期评估。

第二十条　年度考核和定期评估工作委托项目管理专业机构组织实施，具体程序和要求参照《山西省科技计划（专项、基金等）项目申报和评审管理办法》执行。

第二十一条　项目管理专业机构于每年10月发布平台基地年度考核或定期评估通知，平台基地按要求填报年度考核报告或定期评估报告。

第二十二条　年度考核和定期评估内容主要包括研究水平与贡献、队伍建设与人才培养、开放共享与交流合作、科研条件与平台建设等。

第二十三条　平台基地年度考核和定期评估结果分为优秀、良好、较差三个档次。定期评估或连续两年年度考核结果为"较差"的，撤销平台基地资格。

第二十四条　平台基地年度考核和定期评估结果通过省科技厅和有关省直部门网站向社会公布，接受社会监督。平台基地如在建设与运行过程中发生需要更名、变更研究方向、结构调整、单位重组、核心人员调动等重大变化，须由依托单位提出书面报告，报省科技主管部门审核批准。

第五章　支持与保障

第二十五条　平台基地专项经费分为建设引导经费和绩效考评补助两种类型。其中，建设引导经费用于对新立项的平台基地给予建设支持。或对已建平台基地的仪器设备购置（研制）给予支持，促进重点平台基地建设和发展；绩效考评补助根据年度考核和绩效考评情况，用于对平台基地的日常运行和对外开放共享服务等给予补助，促进平台基地提升运行管理和开放共享水平。

第二十六条　面向科技型中小微企业，设立"科技创新券"，以政府购买服务的方式，对平台基地面向科技型中小微企业开展的研发、设计、检测、咨询等业务进行补助，推动平台基地建立科技资源开放共享机制。

第二十七条　依托单位应加强对平台基地建设的支持，从政策、条件等方面支持平台基地发展。

第六章　附　则

第二十八条　本办法自印发之日起施行。

山西省科技计划（专项、基金等）项目评审细则

（晋科资发〔2016〕12号）

为严格规范山西省科技计划（专项、基金）项目评审工作，公平、公正、合理地遴选项目，强化监督管理，严肃评审纪律，实现项目评审的科学、高效和廉洁。根据《山西省科技计划（专项、基金等）管理办法》及配套专项管理办法，制定本细则。

一、适用范围

本细则适用于应用基础研究计划、科技重大专项、重点研发计划、科技成果转化引导专项（基金）、平台基地和人才专项五类科技计划的项目评审。

五类科技计划下设的专项、基金等项目评审应参照本细则制定具体的项目评审方案，由厅际联席会议审定。各科技计划主管处室应依据本细则，结合计划自身特点，制定具体的评审工作手册、评审表及指标说明等。

二、评审程序

评审工作按照两个层次进行组织。首先，由项目管理专业机构组织评审。经过形式审查、专家评审（包括经费预算评审）、现场考察（抽查），由计划主管处室和项目管理专业机构提出项目建议立项名单，提交山西省科技计划（专项、基金等）管理厅际联席会议（以下简称"厅际联席会议"）审定。第二，由厅际联席会议组织审核论证。责成战

略咨询与综合评审委员会（以下简称"咨评委"）根据提交的项目建议立项名单进行审核论证，提出项目立项意见和建议。项目管理专业机构组织评审采取打分形式，分别反映在专家评分表和现场考察表。

（一）项目管理专业机构组织评审

1.形式审查

审查包括对申请材料的形式审查和对项目主要内容、申报单位、负责人等必要条件的资格审查。

执行依据：根据计划管理办法、年度项目申报指南及有关公告或通知，确定项目形式审查的执行依据。其中不合格依据主要包括：

（1）申报材料未在规定期限内提交；

（2）申报单位或负责人不符合计划管理办法规定；

（3）申报项目或申报材料不符合年度项目申报指南或有关公告、通知的要求；

（4）重复申报和多头申报；

（5）申报单位或负责人列入"黑名单"或不诚信单位。

审查结果：形式审查合格项目提交专家评审，不合格项目淘汰。审查结果应在省科技计划管理信息平台上公示，公示期7天，公示内容主要包括：项目名称、申请单位名称、审查结果及不合格原因等。

2.专家评审

专家评审包括技术评审和经费预算评审。受邀专家根据项目申报材料，依据"专家评分表"的评审指标，在充分表达个人观点的基础上，摒弃非科学因素的影响，给出被评项目合理的评审结果。经费预算评审方法和内容按照《山西省科技计划项目经费预算评审办法》执行，采取技术评审与经费预算评审相结合的方式，或者专门组成专家组进行专项预算评审。原则上项目经费支持额度在 80 万元以上的项目应专门组成专家组进行专项预算评审。专家进行项目评审，首先对"专家评分表"中的"一票否决"项进行选择。若发现在本轮评审中存在"一票否决"项，则勾选、签名，不需要具体评分。

一票否决项：项目与国家和我省现行政策、法规相违背；项目不符合年度项目申报指南或有关公告、通知的要求；申报材料存在造假现象。

评审形式：根据科技计划的自身特点，可采取会议评审、通讯评审、网络评审、视频评审和答辩等相结合的方式。实行网络化评审的项目，评审过程实现"双盲"。建议科技重大专项、重点研发计划（凝练项目）采取会议评审和申报单位答辩相结合的方式。

专家遴选：评审专家随机抽选。遵循公正性、权威性、针对性、合理性、回避性等遴选原则，还要考虑省外专家比例、专家数量、组长选取，以及专家工作内容、注意事项等。

评审结果：各科技计划主管处室根据计划自身特点，制定专家评审结果的淘汰机制，确定现场考察或抽查项目的选取办法。其中："一票否决"项的项目淘汰。建议：科技重大专项、重点研发计划（凝练项目）实行现场考察并评分，专家评审前 3 名作为考察项目；若与第 3 名评分结果相近（5 分以内），也应作为考察项目。其他计划项目可以根据计划自身特点，选择现场考察、评分，或者对专家评审意见争议较大、有疑虑的项目进行抽查核实、不评分。

3. 现场考察（抽查）

现场考察（抽查）重点是核实项目申报材料与实际情况的相符性，实地考察申报单位或产学研合作第一单位的生产经营状况、创新团队和平台建设情况、产学研合作情况及项目前期研究基础等。

一票否决项：企业处于停产或停业状态。

专家遴选：考察专家随机抽选。原则上参与专家评审的专家不作为考察专家，考察组专家不少于3人。

考察结果：现场考察（抽查）一票否决项目淘汰。实行现场考察的计划项目现场考察结果汇总。实行个别抽查的计划项目现场考察结果不汇总，实际情况与申报材料严重不符的项目淘汰。

4.评审结果汇总

实行现场考察的计划项目评审结果由两部分组成，即专家评审和现场考察。"专家评分表""现场考察表"评分分值均为百分制。每个项目满分100分，最终得分由两个评分结果汇总而成。

建议：专家评审结果在最终得分中的权重为65%，现场考察结果在最终得分中的权重均为35%。实行个别抽查的计划专家评审结果即为项目评审结果。

（二）厅际联席会议组织评审

厅际联席会议责成咨评委对项目建议立项名单进行审核论证。咨评委可以根据实际需要，按照项目所属行业领域，委托相关行业（领域）专家组进行审核论证。

1.咨评委或行业（领域）专家组审核论证

咨评委或行业（领域）专家组审核论证重点是核实专业机构评审情况和提出的评审异议，核实项目申报单位的诚信度以及创新团队基础工作，对比分析项目整体立项情况和对全省经济社会发展的意义、对行业发展的支撑和引领作用。

咨评委或行业（领域）专家组根据专家评审、现场考察结果，论证提出项目"建议立项"或"建议淘汰"的明确结论，也可以采用投票方式形成建议结论。原则上省委、省政府建议项目给予立项支持。咨评委或行业（领域）专家组论证结论主任（组长）、副主任（副组长）应签字。

2. 评审结果汇总

"项目评审结果汇总表"是对专家评审、现场考察、咨评委或行业（领域）专家组论证结果的全面汇总，包括单个项目的评审结果汇总表和所有项目的评审结果汇总表。单个项目评审结果汇总表反映项目在三个评审环节所有专家对该项目评审或论证情况。所有项目评审结果汇总表按照项目最终得分从高到低的顺序反映各个项目在三个评审环节的结果。"一票否决"或考察淘汰的项目列后，不排序，标明淘汰的阶段和原因。

（1）单个项目的评审结果汇总表由汇总人、专业机构负责人、监督处室负责人、行业主管处室监督负责人在相应位置签字。所有项目的评审结果汇总表由汇总人和监督处室负责人签字。

（2）对最终得分相同的项目，科技重大专项、重点研发计划（凝练项目）的取舍主要看申报单位研发投入、拥有的知识产权以及研发基础条件等指标的专家评分情况，择优选取。其他科技计划取舍要依据计划自身特点选取可考核、量化指标的专家评分情况，择优选取。

（3）"项目评审结果汇总表"报厅际联席会议。经厅际联席会议审定的项目评审结果在省级科技计划管理信息平台上公示，公示期7天。

三、监督管理

各科技计划主管处室和项目管理专业机构应按照《山西省科技计划（专项、基金等）监督和评估办法（试行）》，做好项目评审的监督管理工作。

科技计划主管处室重点监督专家遴选和使用、专家评审、现场考察等规范性运作情况，受理审查的信息公开情况，以及重大事项报告、人员回避、"痕迹化"管理等情况。在专家评审、现场考察等评审环节，可以选派专业人员赴现场开展监督工作。

项目管理专业机构应制定项目评审工作方案，并及时上报科技计划主管处室。评审过程发生的重大事项，也应及时上报。在项目评审过程中，应当记录评审专家履行工作职责情况，并对评审专家不遵守评审工作纪律的行为进行提醒或制止。开展评审专家履职情况调查等，建立评审专家监督制度。建立评审专家信誉档案并定期维护。

四、工作纪律

项目管理专业机构要结合科技计划的自身特点，根据项目评审采取的形式，进一步明确、细化评审工作纪律，通过评审工作手册，一次性告知受邀专家和工作人员，严格规范评审过程评审专家和工作人员的行为。

附表：山西省科技计划（专项、基金等）项目评审表（包括7大类10小类，即：应用基础研究计划类，科技重大专项类，重点研发计划（凝练）类，重点研发计划（指南）工业类、农业类、社会发展类、国际合作类，科技成果转化引导专项（基金）类，平台基地专项类，人才专项类；详细评审表略。）

山西省科技计划（专项、基金等）科技报告管理办法

（晋科发〔2016〕26 号）

第一章　总　则

第一条　为贯彻落实《中共中央 国务院关于深化体制机制改革加快实施创新驱动发展战略的若干意见》（中发〔2015〕8 号）和国务院办公厅转发科技部《关于加快建立国家科技报告制度的指导意见》（国办发〔2014〕43 号）精神，按照省政府《关于印发山西省深化省级财政科技计划（专项、基金等）管理改革方案的通知》（晋政发〔2015〕35 号）要求，加快建立山西省科技报告制度，制定本办法。

第二条　科技报告是指科技人员为了描述其从事的科研、设计、工程、试验和鉴定等活动的过程、进展和结果，按照规定的标准格式编写而成的科技文献，包括科研活动的过程管理报告和描述科研细节的专题研究报告，目的是促进科技知识的积累、传播交流和转化应用。

第三条　本办法适用于以省级财政投入为主实施的科技计划（专项、基金等）。

第二章　职责分工

第四条　省科学技术厅负责山西省科技计划（专项、基金等）科技报告工作的总体部署和统筹协调，研究制定相关政策，组织开展宣传

培训，推进山西省科技报告呈交、收藏、管理和共享。

第五条　省直有关部门应将科技报告工作纳入相关计划（专项、基金等）的项目立项、过程管理、验收（结题）等管理程序。

第六条　项目组织推荐部门或单位应按照科技报告管理程序，督促项目（课题）承担单位按要求开展科技报告工作。

第七条　山西省科技计划（专项、基金等）项目（课题）承担单位应充分履行法人责任，切实做好本单位的科技报告工作，主要职责是：

（一）将科技报告工作纳入本单位科研管理程序，指定专人负责本单位科技报告工作，并提供必要的条件保障；

（二）督促项目（课题）负责人按要求组织科研人员撰写科技报告，统筹协调项目（课题）各参与单位共同推进科技报告工作；

（三）负责本单位所承担项目（课题）的科技报告审查和呈交工作。

第八条　山西省科学技术情报研究所负责山西省科技计划（专项、基金等）科技报告的接收、保存、管理和服务，主要职责是：

（一）协助开展科技报告制度建设宣传培训工作；贯彻执行国家统一的科技报告标准规范，指导项目（课题）承担单位开展科技报告工作；

（二）开展山西省科技报告的集中收藏、统一编码、加工处理和分类管理等日常工作；

（三）建设和维护山西省科技报告共享服务系统，积极融入国家科技报告服务系统，开展山西省科技报告的共享服务；

（四）统计分析山西省科技报告的产出情况，推动山西省科技报告资源的开发利用；

（五）对接国家科技报告有关管理部门，按照统一的部署和要求，开展相关工作。

第三章 工作流程

第九条 项目（课题）呈交的科技报告类型包括：

（一）项目（课题）年度报告、中期报告及验收（结题）报告；

（二）项目（课题）实施过程中产生的实验（试验）报告、调研报告、工程报告、测试报告、评估报告等蕴含科研活动细节及基础数据的报告。

第十条 在签订合同或计划任务书时，应根据项目（课题）的研究性质和资助强度，经签约各方共同审核后，明确项目（课题）承担单位须呈交的科技报告类型、时间节点和最低数量等，作为项目（课题）的考核指标和验收（结题）的必备条件。

第十一条 项目（课题）负责人按照合同或计划任务书要求和相关标准规范组织科研人员撰写科技报告，标注使用级别，或提出密级建议。

（一）非涉密项目（课题）的科技报告原则上标注"公开"。涉及技术诀窍以及需要进行论文发表、专利申请等知识产权保护的科技报告可标注"延期公开"，延期公开时限原则上为2–3年，最长不超过5年。非涉密项目（课题）产生的科技报告如涉及国家安全和重大利益等相关内容，应进行脱密处理；

（二）涉密项目（课题）的科技报告按照国家相关保密规定提出密级和保密期限建议；

（三）对延期公开时限超过5年的，或对原定延期公开时限进行延长的，须说明理由并报项目行政主管部门审核批准。

第十二条 项目（课题）承担单位按照相关标准对科技报告进行编号，开展科技报告的形式审查、内容审查、密级审查后，向省科学技术情报研究所呈交非涉密项目（课题）的科技报告。涉密项目（课题）

的科技报告通过机要渠道呈交。

第十三条 省直有关部门和省科学技术情报研究所应在项目（课题）过程管理中同步检查科技报告任务完成情况，对涉密项目（课题）科技报告的密级和保密期限建议进行审核，及时做好定密工作。

第十四条 省科学技术情报研究所对收集的科技报告进行统一编码、分类编目、主题标引和全文保存，定期对各计划（专项、基金等）科技报告任务完成情况进行统计分析，负责向科技报告作者颁发收录证书。

第四章 开放共享与权益保护

第十五条 科技报告按照"分类管理、受控使用"的原则向社会开放共享。"公开"和"延期公开"科技报告摘要向社会公众提供检索查询服务；"公开"科技报告全文向实名注册用户提供在线浏览和推送服务；"延期公开"科技报告全文实行专门管理和受控使用；涉密项目（课题）的科技报告严格按照国家相关保密规定进行管理。

第十六条 科技报告用户应严格遵守知识产权管理的相关规定，在论文发表、专利申请、专著出版等工作中注明参考引用的科技报告，确保科技报告完成人的合法权益。对社会举报的科技报告撰写或使用中涉嫌学术抄袭等科研不端行为，按照国家相关规定进行处理。

第十七条 省科学技术情报研究所按照国家相关保密规定强化科技报告的安全管理，严格执行科技报告的延期公开时限，实时跟踪科技报告的使用日志，统计并发布科技报告共享使用情况。

第五章　保障条件

第十八条　科技报告撰写、呈交与管理所需费用应统一纳入相应项目（课题）经费预算。

第十九条　省科学技术厅对科技报告撰写和管理工作的先进单位和个人适时给予表彰和奖励。科技报告的共享使用情况将作为对项目（课题）承担单位申报成果奖励和后续滚动支持的重要依据之一。

第二十条　项目（课题）承担单位要积极参与科技报告培训活动，增强科研人员的责任感，提升科技报告的撰写能力和共享交流意识。

第六章　附　则

第二十一条　本办法自发布之日起施行。

第二十二条　本办法由省科学技术厅负责解释。

山西省科研项目经费和科技活动经费
管理办法（试行）

（晋政办发〔2016〕76号）

第一章　总　则

第一条　为贯彻落实《中共中央国务院关于深化体制机制改革加快实施创新驱动发展战略的若干意见》及《中共山西省委山西省人民政府关于实科技创新的若干意见》，完善科研经费的使用和管理，进一步激发科研人员的积极性和创造性，根据《山西省省级财政科研项目和资金管理办法（试行）》（晋政发〔2014〕32号）和《由西省财政科技计划（专项、基金等）管理改革方案》（晋政发〔2015〕35号）有关规定，结合我省实际，制定本办法。

第二条　本办法所称科研项目经费是指由财政资金支持的科研项目经费；所称科技活动经费是指使用财政资金开展科技活动的经费；所称横向科研项目经费是指由社会单位和企业支持的科研经费，以及与国外科研组织、机构合作获得的科研经费。

第三条　各类科研项目和科技活动经费，不论其来源渠道，应当全部纳入单位预算，统一管理、单独核算，并确保经费专款专用。

第二章　科研项目承担单位职责

第四条　科研项目承担单位是科研项目经费管理的责任主体，应建立健全"统一领导、分级管理、责任到人"的科研经费管理体制，健全内部控制和监督约束机制，加强对科研项目经费管理和监督。

第五条　科研项目承担单位法定代表人对科研项目经费管理承担领导责任，分管负责人根据分工对科研项目经费管理承担相应领导责任。

第六条　科研项目承担单位有关部门承担科研项目经费管理的具体责任：

（一）财务管理部门负责科研项目经费的财务收支管理和预算、会计核算，会计决算；

（二）科研管理部门负责科研项目经费的预算审核，协同做好科研项目经费使用的管理工作；

（三）资产管理部门负责科研项目经费所购建固定资产的管理工作；

（四）审计管理部门负责科研项目经费的审计和监督工作。

第七条　科研项目负责人是科研项目经费使用的直接责任人，对经费使用的合法性、真实性和相关性承担法律责任。科研项目负责人应当依法、据实编制科研项目预算和决算，按照批复的预算、合同（或计划书、任务书）和相关管理制度使用经费，接受上级和单位相关部门的监督检查。

第三章　科研项目预算和经费开支范围

第八条　科研项目负责人或申请人应根据科研项目计划内容和相关部门规定，编制科研项目预算。

第九条　科研项目经费支出是在科研项目组织实施过程中与研究

活动相关的、由科研项目经费支付的各项费用支出，分为直接费用和间接费用。

第十条　在科研项目研究过程中发生的与之直接相关的直接费用，应当纳入依托单位财务统一管理，单独核算，专款专用。具体包括以下费用。

（一）资料费：指在科研项目研究过程中发生的资料收集、录入、复印、翻拍、翻译等费用，以及必要的图书、资料和专用软件购置费、文献检索费等；

（二）数据或样本采集费：指在科研项目研究过程中发生的数据跟踪采集、科学研究用样本采集等费用；

（三）设备费：指在科研项目研究过程中购置或试制专用仪器设备，对现有仪器设备进行升级改造，以及租赁外单位仪器设备而发生的费用；

（四）材料费：指在科研项目研究过程中消耗的各种原材料、辅助材料、低值易耗品等的采购、运输、装卸、整理等费用；

（五）测试化验加工费：指在科研项目研究过程中支付给外单位（包括承担单位内部独立经济核算单位）的检验、测试、化验及加工（包括计算加工）等费用；

（六）燃料动力费：指在科研项目研究过程中相关大型仪器设备、专用科学装置等运行发生的可以单独计量的水、电、气、燃料消耗等费用；

（七）印刷、出版费：指在科研项目研究过程中发生的打印费、印刷费、誊写费和需要支付的出版费；

（八）知识产权事务费：指在科研项目研究过程中需要支付的专利申请及其他知识产权事务等费用；

（九）办公费：指在科研项目研究过程中发生的必要的办公用品采

买费、通信费、上网费等；

（十）车辆使用费；指在科研项目研究过程中发生的城市内交通费、车辆租赁费及使用车辆所发生的汽（柴）油费、过路费、停车费等。在经济科目商品服务支出的其他交通费中列支；

（十一）差旅费：指在科研项目研究过程中开展科学实验（试验）、科学考察、业务调研、学术交流等发生的城市间交通费、住宿费、伙食补助费和市内交通费。差旅费的开支标准按照差旅费管理有关规定执行；

（十二）会议、会务费：指在科研项目研究过程中为了组织开展学术研讨、咨询、协调项目研究工作等活动而发生的会议费及参加学术会议、活动需要支付的会务费。会议费支出按照会议费管理有关规定执行，会务费支出按照举办单位书面会谈通知规定执行；

（十三）国际合作与交流费：指在科研项目研究过程中项目研究人员出国及赴港澳台、外国专家来华及港澳台专家来内地工作的交通费；食宿费及其他费用。科研项目中发生的国际合作与交流费按照外交部、科技部、财政部《关于对部分科研人员因公临时出国实行分类管理的意见》的规定进行分类管理；

（十四）国内协作费：指在科研项目研究过程中国内合作单位与人员参与项目研究所需要的测试化验加工费以外的费用。国内协作费依据合作协议支付，不得超过到账经费的50%；

（十五）劳务费：指用于支付科研项目组成员的劳务费用或补助，以及社会保险补助费用。劳务费应结合当地实际以及相关人员参与科研项目的全时工作时间等因素合理确定；

（十六）专家咨询费：指在科研项目研究过程中支付给临时聘请的

咨询专家的费用；

（十七）与科研项目研究任务有相关性和必要性，且应当在申请预算时单独列示、单独核定的其能费用。

第十一条　劳务费开支比例不得超过科研项目财政资助总额的20%，其中人力资本投入比重较高的软科学研究，规划、设计、咨询类研究和软件开发类项目等的劳务费开支比例可以提高到不超过财政资助总额的50%。

劳务费开支标准为科研项目负责人每人每月3000元以内，高级职称科研人员每人每月2000元以内，中级职称科研人员及其他参与人员每人每月1500以内。

专家咨询费执行标准为两院院士每人每天不高于6000元，通信咨询费每人每个科研项目不高于900元；高级专业技术职称或相当于高级专业技术职称人员每人每天不高于2000元，通信咨询费每人每个科研项目不高于300元；其他人员每人每天不高于1000元，通信咨询费每人每个科研项目不高于200元。

第十二条　间接费用是依托单位在组织实施科研项目过程中发生的无法在直接费用中列支的相关费用，主要用于补偿依托单位为科研项目研究提供的仪器设备及房屋，水、电、气、暖消耗，有关管理费用，以及绩效支出等。

第十三条　间接费用由依托单位统一管理使用。科研项目承担单位应当制定使用管理办法，合理合规使用。间接费用实行总额控制，不得超过科研项目经费资助总额的10%，其中绩效支出不得超过科研项目经费资助总额的5%。

第十四条　科研项目承担单位不得在间接费用之外，以其他名义重复提取、列支相关费用。

第十五条　科研项目负责人应按照计划任务书执行项目预算。科研项目经费支出预算需要调整的，会务费、差旅费、国际合作与交流费三项支出之间可以调剂使用，不得突破三项支出预算总额；其余经费项目支出预算如需调整，由科研项目负责人科研项目承担单位提出申请，单位负责人审批。

第四章　科技活动预算和经费开支范围

第十六条　科技活动经费应当列入年度预算，报单位行政办公会议或党委（党组）会议批准后实施，如需调整，按规定报批。

第十七条　科技活动经费是举办或参加学术会议、学术报告、学术交流、科技咨询、科普活动等科技活动经费。具体包括以下费用：

（一）科技活动中发生的打印费、印刷费、誊写费和需要支付的出版费；

（二）科技活动中发生的市内交通、车辆租赁及使用车辆所发生的燃油、通行、停车等车辆使用费；

（三）科技活动中发生的城市间交通、住宿、伙食补助和市内交通等差旅费；

（四）科技活动中发生的会议费及参加科技活动需要支付的会务费；

（五）科技活动中科研人员出国及赴港澳台、外国专家来华及港澳台专家来内地交流的交通、食宿及其他费用；

（六）科技活动中支付给专家的报告费；

（七）开展科技活动发生的其他费用。

第十八条　车辆使用费在经济科目商品服务支出的其他交通费中列支；差旅费按照差旅费管理有关规定执行；会议费按照会议费管理有关规定执行，会务费按照举办单位书面会议通知标准执行；国际合作与交流费按照国家外事资金管理的有关规定执行；专家报告费按照由山西省《省直机关培训费管理办法》中讲课费标准的 2 倍执行。

第五章　支出管理

第十九条　科研项目承担单位应当对科研项目经费单独设账核算，并改进科研项目经费结算方式，原则上采用非现金方式结算。

科研院所、高等院校以及其他事业单位承担科研项目或组织科技活动发生的会议费、差旅费、小额材料费和测试化验加工费等，要按规定实行公务卡结算。

企业承担的科研项目或组织科技活动所有支出也应当采用非现金方式结算。科研项目承担单位对设备费、大宗材料费、大额测试化验加工费、劳务费、专家咨询费等支出，应当通过银行转账方式结算。

第二十条　科研项目经费涉及税收时，由项目承担单位财务部门按国家有关规定代扣代缴，或者由纳税人申报缴纳。

第二十一条　使用科研项目经费形成的固定资产，属于国有资产，按照国有资产管理有关规定执行。

使用科研项目经费形成的知识产权等无形资产的管理，按照国家及我省有关规定执行。

第二十二条　使用科研项目经费单次购买 1 万元以下的计算机、打印机、照相机等设备，打印纸、存储设备、图书、文具等办公用品，硒鼓、粉盒等低值易耗用品，以及 5 万元以下的专用设备、专用科研试剂、专用科研原材料等费用可以在科研项目经费中凭发票据实报销。

其他科研设备、科研用品等应依据《中华人民共和国政府采购法》及《山西省政府集中采购目录及限额标准》等有关规定，选择便利于科研活动的采购方式，严格按照政府采购程序办理。

第二十三条　开展科研项目时，在涉及社会调查、访谈等过程中支付给调查、访谈对象个人的数据采集费，直接面向个人或偏远地区获得的样本采集费和从个人手中获得的购买农副产品等特殊材料支付的材料费，确实无法取得发票的，按照"按需开支、据实报销"的原则，由费用支付对象签字，有关当事人、科研项目负责人书面说明，经单位负责人审批，可凭据报销。

第六章　决算管理

第二十四条　科研项目研究结束后，科研项目负责人应当会同科研、财务、资产等管理部门及时清理账目与资产，如实编制科研项目经费决算，不得随意调账改动支出、随意修改记账凭证。

第二十五条　科研项目按时通过验收后，结余经费在一年内由科研项目负责人安排，用于项目组成员开展其他科研项目或参加科研活动的直接支出。项目验收一年后结余经费仍有剩余的，由科研项目承担单位统筹安排，专门用于科学研究的直接支出。项目验收两年后仍有剩余的，由财政按原渠道收回。除横向科研项目外，其他科研项目结余经费不得用于人员劳务费支出。

第二十六条　科研项目实施过程中，因故终止执行、撤销或未通过结题验收、整改后通过结题验收的项目，结余经费保留两年，由科研项目承担单位统筹安排，用于科学研究的直接支出。项目主管部门要求退回结余经费的，在验收结论下达后 30 日内按原渠道退回。

第七章　横向科研项目经费管理

第二十七条　横向科研项目经费支出是科研项目组织实施过程中，与研究开发活动直接相关的、由项目经费支付的各项费用。科研项目承担单位的横向科研项目经费管理，依据与科研项目委托单位签订的合同（协议）约定执行，没有约定的，参照本办法执行。

第二十八条　横向科研项目经费的支出，科研项目承担单位可授权横向科研项负责人审批。横向科研项目负责人承担相应的法律责任。

横向科研项目负责人严格按照合同（协议）规定的用途、范围和开支标准使用项目经费，自觉控制经费的各项支出。

第二十九条　横向科研项目经费比照财政资金支持的科研项目范围支出。还可支出实验室改造和维修费、网络使用费、日常水电暖及物业费、税费及附加、培训和学习费、立项业务费、管理费。科研项目立项过程中参与科研项目人员的先期研究补助和对外专家咨询等立项业务费，一般不超过科研项目经费的 5%。管理费一般不超过科研项目经费的 10%。

第三十条　横向科研项目完成后，应当按科研项目合同（协议）规定的时间及时结题，科研项目负责人主动办理各项结题手续。横向科研项目完成后，结余资金的 70% 用于项目组成员的科研酬金，30% 转入科研发展基金。科研发展基金按有关规定用于补助仪器设备运转的维护、人才培养及其他研究发展项目的预研和启动，也可用于其他横向科研项目的风险补偿。

第三十一条　横向科研项目经费的收支必须符合国家有关规定，经费使用符合开展科研活动的实际需要，不得为个人牟取私利。

第八章　监督检查

第三十二条　科研项目和科技活动承担单位、负责人应当接受科技、财政、审计、监察等行政主管部门以及项目主管和项目委托单位的检查与监督。科研项目和科技活动承担单位、负责人应当积极配合并提供有关资料。

第三十三条　科研项目和科技活动承担单位应当建立健全科研和财务管理相结合的内部控制制度，规范科研经费管理。有关部门应当对科研项目经费和科技活动经费的管理使用情况进行不定期审计或专项审计。发现问题及时向有关部门报告。

第三十四条　科研项目和科技活动承担单位、负责人不按规定管理使用科研项目和科技活动经费的，依据有关规定严肃处理。

第九章　附　则

第三十五条　本办法自印发之日起实施。

山西省科研项目经费和科技活动经费
管理办法（试行）补充规定

（晋政办发〔2017〕79号）

第一条 为完善科研项目经费和科技活动经费管理，进一步推进简政放权、放管结合、优化服务，创新科研资金使用和管理方式，促进形成充满活力的科技管理和运行机制，激发科研人员创新创业积极性，根据中共中央办公厅、国务院办公厅《关于实行以增加知识价值为导向分配政策的若干意见》（厅字〔2016〕35号）、《关于进一步完善中央财政科研项目资金管理等政策的若干意见》（中办发〔2016〕50号），结合我省实际，现提出本补充规定。

第二条 劳务费开支不设比例限制。劳务费预算由项目承担单位和科研人员据实编制。项目负责人应当根据科研项目任务科学合理确定项目组成员及其应承担的工作任务，体现酬绩相当原则。要统筹安排劳务费等项目经费支出，确保项目顺利完成。项目组成员劳务费发放由项目承担单位审批，并进行公示。

第三条 绩效支出取消比例限制。为加大对科研人员的激励力度，取消绩效支出比例限制。项目承担单位在统筹安排间接费用时，要处理好合理分摊间接成本和对科研人员激励的关系，绩效支出安排与科研人员在项目工作中的实际贡献挂钩。

第四条 科研项目实行分类定额资助。在省级科技计划中试点实行分类定额资助。省科技管理部门在发布年度科技计划申报指南中明确各类项目的定额资助标准，科研人员在申报项目时，不再编制项目经费预算。经评审立项后，按定额予以资助。

第五条　实行科研经费开支负面清单管理。在有条件的科研项目中实行经费支出负面清单管理，省财政部门会同省科技、教育、审计等部门联合制定指导性负面清单，各省属高等院校、科研院所自行制定符合科研项目实际的具体负面清单，负面清单之外的科研经费开支由省属高等院校、科研院所自主决定。

第六条　财政后补助资金不再规定适用范围。对高等院校、科研机构和企业自筹资金研究开发并具有自主知识产权的科技创新项目，采取后补助方式给予财政性资金定额资助，资助资金不再规定适用范围，由项目承担单位自主决定。后补助资金要向科技创新项目负责人及做出重要贡献的团队成员倾斜。

第七条　加强科研经费结余资金统筹使用。改进结转结余资金留用处理方式。项目实施期间，年度结余资金可结转下一年度继续使用。项目完成任务目标并通过验收后，结余资金在2年内由项目承担单位统筹安排用于科研活动的直接支出；2年后未使用完的，由财政部门按原渠道收回。

第八条　建立科研财务助理制度。鼓励项目承担单位实行科研财务助理制度，为科研人员在项目预算编制和调剂、经费支出、财务决算和验收等方面提供专业化服务。科研财务助理所需费用可由项目承担单位根据情况通过科研项目资金等渠道解决。

第九条　科研创新及服务收入由单位自主分配。省属高等院校、科研院所转化科技成果所得和对外提供公益性科技服务所得的单位净收益部分，全部留归单位使用。

第十条　下放差旅费管理办法制定权限。省属高等院校、科研院所可根据教学、科研、管理工作实际需要，按照精简高效、厉行节约的原则，研究制定差旅费管理办法，合理确定教学科研人员乘坐交通工具等级和住宿费标准。难以取得住宿费发票的，省属高等院校、科研院所在确保真实性的前提下，据实报销城市间交通费，并按规定标准发放伙食补助费和市内交通费。

第十一条　下放会议费管理办法制定权限。省属高等院校、科研院所因教学、科研需要举办的业务性会议（如学术会议、研讨会、评审会、座谈会、答辩会等），会议次数、天数、人数以及会议费开支范围、标准等，由省属高等院校、科研院所按照实事求是、精简高效、厉行节约的原则确定。会议代表参加会议所发生的城市间交通费，原则上按差旅费管理规定由所在单位报销；因工作需要，邀请国内外专家、学者和有关人员参加会议，对确需负担的城市间交通费、国际差旅费，可由主办单位在会议费等费用中报销。

第十二条　扩大省属高等院校、科研院所政府采购自主权。省属高等院校、科研院所可自行采购科研仪器设备，自行选择科研仪器设备评审专家。对省属高等院校、科研院所采购进口仪器设备由省财政部门实行备案制管理。省财政部门要简化政府采购项目预算调剂和变更政府采购方式审批流程。省属高等院校、科研院所要严格设备采购的监督管理，及时进行国有资产登记，做到全程公开、透明、可追溯。

第十三条　完善信息公开制度。省属高等院校、科研院所涉及的科研项目收支、科研成果转化及收入情况等实行内部公开公示制度。各单位应当在每年3月底前公开公示上一年度的科研项目收支科研成果转化及收入等情况，接受单位职工代表大会及全体职工监督。省教育、科技管理部门应当对公示情况进行监督检查。

　　第十四条　本补充规定自印发之日起执行。2016 年 5 月 31 日山西省人民政府办公厅印发的《山西省科研项目经费和科技活动经费管理办法（试行）》（晋政办发〔2016〕76 号）中有与本补充规定不一致的，以本补充规定为准。

山西省省级财政科研项目和资金管理办法
（试行）

（晋政办发〔2014〕32号）

第一章 总 则

第一条 为深入推进财政科研项目和资金管理改革，提高项目预算管理的科学性和财政科研经费使用绩效，进一步激发科研人员的积极性和创造性，增强科技对经济社会发展的支撑引领作用，根据《中共中央国务院关于深化科技体制改革加快国家创新体系建设的意见》（中发〔2012〕6号）和《国务院关于改进加强中央财政科研项目和资金管理的若干意见》（国发〔2014〕11号）的有关规定，制定本办法。

第二条 本办法所称省级财政科研项目是指省级财政资金予以资助的各类科研项目。

省级财政科研资金是指列入省级财政预算的科技计划、科技专项、科技基金等（以下简称科技计划）经费。

第三条 省级财政科研项目和资金管理坚持科学引领、创新驱动、遵循规律、改革创新、公正公开、规范高效的原则。

第四条 省级财政科研项目和资金管理服务于山西转型跨越和低碳发展，聚焦山西经济社会发展重大需求，发挥政府科技投入的引导激励和市场配置的导向作用，加快建立适应科技创新规律、统筹协调、职责清晰、监管有力的科研项目和资金管理机制。

第五条　省科技行政主管部门应当加强与有关部门的沟通，做好科技发展优先领域、重点任务和重大项目等统筹协调工作。省财政部门要加强科技预算安排的统筹协调，做好各类科技计划资金年度预算方案的综合平衡。

其他有关部门在各自职责范围内做好省级财政科研项目和资金管理工作，提高科技计划的实施成效。

第二章　科技计划的设立

第六条　省直有关部门根据我省发展战略需求和科技创新实际需要，通过省级财政部门预算设立省级科技计划。

第七条　科技计划应当明确功能定位、目标任务、时限要求和考核指标，建立健全绩效评价、动态调整和终止机制，科学组织安排科研项目，提升项目层次和质量。

第八条　按照国家规定的基础类、公益类、市场导向类和重大项目类，优化整合省级科技计划，通过撤、并、转等方式进行调整和重新设立。

第三章　科研项目分类管理

第九条　按照不同类型科研项目的特点和规律，建立相适应的组织管理方式和组织实施机制，最大限度地调动科研人员的积极性、创造性。

第十条　基础类项目突出创新导向。重点加强基础研究和应用研究。充分尊重专家意见，通过同行评议、公开择优的方式确定研究任务和承担者。引导支持企业增加基础科研投入，与高等学校、科研院所联合开展基础研究，推动基础研究与应用研究的紧密结合。基础类科研项目要注重人才培养，强化对优秀人才和优秀团队的持续支持。

营造"鼓励探索、宽容失败"的创新环境。

第十一条　公益类项目突出重大需求。重点解决制约我省社会公益性行业发展中的重大科技问题，提高项目的系统性、针对性和实用性，强化需求导向和应用导向，保证项目成果服务社会公益事业发展。广泛向社会征集项目，采取专家评审和行政决策相结合的方式，评审择优或定向择优支持。加强对基础数据、基础标准、基础资源等工作的稳定支持，为科研提供基础性支撑。加强国内、国际科技合作。

第十二条　市场导向类项目突出企业主体。明晰政府与市场的边界，充分发挥市场对技术研发方案、路线选择、要素价格、各类创新要素配置的导向和激励。通过裁定政策、营造环境，引导企业成为技术创新决策、投入、组织和成果转化的主体，促进科技与经济紧密结合。市场导向类科研项目主要采取专家评审的方式择优支持。重点支持企业根据政策引导开展科研项目，鼓励产学研协调攻关，加大科技成果转化和推广。企业科技研发和成果推广由企业提出需求，并行投入和实施，政府多采用"后补助"及间接投入等资助方式予以支持。

第十三条　重大项目突出目标导向。重点解决我省转型跨越发展中的科技战略发展需求和低碳科技、煤基科技发展等重大共性关键技术。集中力量，聚焦重点，做好顶层设计。要设定明确可考核的项目目标和关键节点目标，采取定向择优或公开招标的方式遴选优势单位承担项目。加强项目实施全过程的管理和节点目标考核，逐步实行项目专员制和监理制。

第四章　科研项目立项管理

第十四条　科技计划主管部门应当结合科技计划的特点编制项目

指南，并于每年固定时间通过广泛知晓的方式发布。

科技计划主管部门应当扩大项目指南编制工作的参与范围，充分征求有关方面意见，并建立由产学研用各方参与的项目指南论证机制。

自科技计划项目指南发布之日到项目申报受理截止日，不得少于50天，保证科研人员有充足时间申报项目。

第十五条　科技计划立项采取部门设计和单位申报的方式进行。

部门设计是指科技计划主管部门通过调研和专家论证，提出经济社会发展中的重大项目。

单位申报是指项目研究单位按照项目指南要求，自主提出科研项目，通过归口管理部门向科技计划主管部门提出立项申请。

第十六条　科技计划主管部门应当加强对项目申报材料的审查，健全立项管理的内部控制制度。重点审查项目申请单位、项目负责人及项目合作方的资质、科研能力等内容。加强科研项目重复申报审查，避免一题多报或重复资助。

第十七条　科技计划主管部门应当完善公平竞争的遴选机制，通过公开择优、定向择优等方式确定项目承担单位，逐步实行网络、视频评审。

科技计划主管部门应当规范立项要求，公布审批流程，简化立项环节，提高公开透明度，及时向申报单位反馈评审结果和意见，实现立项过程的"可申诉、可查询、可追诉"。从受理项目申请到反馈立项结果原则上不超过120个工作日。

第十八条　科技计划项目承担单位确定，项目承担单位与科技计划主管部门签订项目计划任务书的同时，项目承担单位法定代表人、项目负责人要共同签署项目承诺书，并保证所提供信息的真实性，提供信息不真实的将列入"黑名单"。

第十九条　科技计划主管部门应当建立以一线科研专家为主的专家数据库。实行评议评审专家轮换、调整和回避制度，规范评审专家行为，提高项目评审质量。项目评估评审应当接受同行质询和社会监督。

第五章　科研项目过程管理

第二十条　科技计划主管部门应健全科研项目管理服务机制，积极协调解决项目实施中出现的新情况新问题。针对不同科研项目管理特点组织开展巡视检查或抽查。

第二十一条　项目承担单位应当自项目完成后2个月内向科技计划主管都门提出验收或结题申请。

由于客观原因不能按期完成项目计划的，项目负责人可以申请延期验收或结题，申请延长的期限不超过1年。

无特殊原因未按时提出验收或结题申请的，按未通过验收或结题处理。

科技计划主管部门自收到验收或结题申请之日起1个月内，组织有关专家依据项目计划任务书验收或结题。

第二十二条　科技计划主管部门应当完善年度项目执行过程评价和定期项目绩效评价制度，并组织进行年度项目执行过程评价，制定有关标准和程序，提出年度绩效评价报告。定期项目绩效评价由财政部门组织第三方进行评价。

第二十三条　科技计划主管部门应当建立科研信用管理机制。建立覆盖指南编制、项目申请、评议评审、立项、实施、验收结题全过程的科研信用记录制度。对项目承担单位、项目负责人和评审专家在实施管理中的信用情况进行评价和记录。

科技计划主管部门对项目承担单位和科研人员、评估评审专家、中介机构等参与主体进行信用评级，并按信用评级实行分类管理。

第二十四条　科技计划主管部门应当通过门户网站等有效媒介，将项目立项、验收结果、资金安排以及绩效评价等情况依法向社会公开，接受社会监督。

项目承担单位应当将项目立项、主要研究人员、经费使用、大型仪器设备购置以及必要研究成果信息向单位内部公开，接受内部监督。

第二十五条　科技计划主管部门应当建立报告制度，会同有关部门制定科技报告的标准和规范。明确提交的科技报告类型、格式、要求科研项目承担单位提交的科技报告。科研项目负责人应当以书面形式将所开展的科研、设计、工程、试验和鉴定等活动的过程、进展和结果向科技计划主管部门报告。科技报告提交和共享情况作为后续支持的重要依据。

第二十六条　科技行政主管部门应当建立和完善科技管理信息与共享服务平台。按照统一的数据结构、接口标准和信息安全规范建设山西省科研项目数据库，并基本实现与国家科研项目数据资源的互联互通。完善现有各类科技计划数据库，实现科技资源持续积累、完整保存和开放共享。建立统一的科技管理信息系统，向社会开放服务。

第六章　科研项目资金管理

第二十七条　规范项目预算编制，加强重大、重点科技计划项目预算评估评审。

　　项目申请单位结合本单位的现有科研条件和设备，科学合理、实事求是编制项目预算，并对仪器设备购置、合作单位资质及拟外拨资金进行重点说明。对项目实施可能形成的科技资源和成果提出社会共享方案。有自筹经费来源的提供出资证明及其他相关财务资料，劳务费预算要结合实际以及相关人员参与项目的全时工作时间等要素合理编制。

　　科技计划主管部门在项目预算评估评审中不得简单按比例核减预算。除以定额补助方式资助的项目外，依据科研任务实际需要和财力可能核定项目预算，不得在预算申请前先行设定预算控制额度。

　　第二十八条　科技计划主管部门和财政部门应当加强项目立项和预算下达的衔接，科技计划项目审定批准后1个月内下达资金预算批复。相关部门和单位应当按照财政国库管理制度相关规定，结合项目实施和资金使用进度，及时合规办理资金支付。

　　第二十九条　规范直接费用支出管理，科学界定与项目研究直接相关的支出范围。各类科技计划的支出科目和标准原则上应保持一致。在项目经费总额不变的情况下，项目费用中材料费、测试化验加工费、燃料动力费、信息传播费（或文献、出版、知识产权事务费）以及其他支出预算如需调整，由项目负责人向项目承担单位提出申请。

　　进一步下放项目预算调整权限，严格控制项目经费中会议费、差旅费、国际合作与交流费等支出，项目实施中发生的该三项支出之间可以调剂使用，但不得突破三项支出预算总额。

　　调整劳务费开支范围，允许项目临时聘用人员的社会保险补助纳入科研项目劳务费科目中列支。

　　第三十条　项目承担单位应当加强间接费用管理，建立健全间接费用管理办法。间接费用主要用于补偿项目承担单位为项目实施所发生的间接成本和绩效支出。

项目承担单位不得在核定的间接费用以外重复提取、列支管理费或相关费用，不得用于支付各种罚款、捐款、赞助、投资等。

第三十一条　科技计划主管部门应当开展事前立项事后补助、奖励性后补助及共享服务后补助等资助方式的研究，加大科研经费支持力度，扩大后补助项目的适用范围。

第三十二条　项目完成后项目承担单位应当编制项目经费决算报告。项目经费决算范围应当与项目经费预算的范围相一致，如实反映项目经费预算执行和项目实施的基本情况，不一致的应当说明理由。

项目经费决算报告由项目承担单位财务部门会同项目负责人共同编制，国家审计机关依法对重大项目经费进行审计监督。

第三十三条　项目结转结余资金与项目验收和信用评价相挂钩。

项目在研期间，年度剩余资金可以结转下一年继续使用。项目完成任务目标并通过验收且承担单位信用评价好的，项目结余资金按规定在一定期限内由项目承担单位用于科研活动的直接支付。项目承担单位应当在一个月内办理财务结算手续，不得长期挂账。

项目未完成、资金管理存在严重问题的，项目结余资金按原渠道收回。

第七章　科研项目资金监管

第三十四条　项目承担单位应当规范科研项目资金使用行为，依法使用项目资金。不得有下列行为；

（一）擅自调整外拨资金；

（二）利用虚假票据套取资金；

（三）编造虚假合同、虚构人员名单虚报冒领劳务费和专家咨询费；

（四）虚构测试化验内容、提高测试化验支出标准等方式违规开支测试化验加工费；

（五）随意调账变动支出、随意修改记账凭证、以表代账应付财务审计和检查。

第三十五条　项目承担单位要建立健全科研和财务管理等相结合的内部控制制度，规范项目资金管理，在职责范围内及时审批项目预算调整事项。对于省级财政以外渠道获得的项目资金，按照国家有关财务会计制度规定以及相关资金提供方的具体要求管理和使用。

第三十六条　项目承担单位应当改进科研项目资金结算方式，原则上采用非现金方式结算。

科研院所、高等学校等事业单位承担项目所发生的会议费、差旅费、小额材料费和测试化验加工费等，要按规定实行"公务卡"结算。

企业承担的项目所有支出也应当采用非现金方式结算。

项目承担单位对设备费、大宗材料费和测试化验加工费、劳务费、专家咨询费等支出，原则上应当通过银行转账方式结算。

第三十七条　科技计划主管部门和科技经费监管部门应当依法履行职责，加强对省级科技计划项目决策、管理、实施、绩效的监督检查，加大对资金管理违规行为的惩处力度；建立责任倒查制度，针对出现的问题倒查项目主管部门相关人员的履职尽责和廉洁自律情况，经查实存在问题的依法依规严肃处理。

第八章　科研项目和资金管理责任

第三十八条　科技行政主管部门和财政部门应当会同有关部门制定科技工作重大问题会商与沟通工作机制，落实管理和服务责任。科技计划主管部门应当制定或签订各类科技计划管理制度，建立健全本部门内部控制和监管体系，加强对所属单位科研项目和资金管理内部制度的审查；督促指导项目承担单位和科研人员依法开展科研活动；做好经常性的政策宣传、培训和科研项目实施中的服务工作。

第三十九条　项目承担单位应当履行项目实施和资金管理使用的主要责任，建立常态化的自查自纠机制。严肃处理本单位出现的违规行为。

科研人员要弘扬科学精神。恪守科研诚信，强化责任意识，严格遵守科研项目和资金管理的各项规定，自觉接受有关方面的监督。

第四十条　违反本办法规定违规使用项目资金的，科技计划主管部门和科技经费监管部门采取下列方式进行处罚：

（一）通报批评；

（二）暂停项目拨款；

（三）终止项目执行；

（四）追回已拨项目资金；

（五）取消项目承担者一定期限内项目申报资格。涉及违法的移交司法机关依法处理，并将有关结果向社会公开。

第四十一条　科技计划主管部门应当将有严重不良信用记录的项目承担单位、科研人员、评估评审专家和中介机构等记入"黑名单"，阶段性或永久取消其申请财政资助项目或参与项目评审、管理资格。

第九章　附　则

第四十二条　本办法自印发之日起施行。此前相关规定与本办法相抵触的以本办法为准。

图书在版编目（CIP）数据

山西省科技计划（专项、基金等）管理改革探索与实
践 / 李巍编著. —太原：山西经济出版社，2018.11
ISBN 978-7-5577-0405-6

Ⅰ.①山⋯ Ⅱ.①李⋯ Ⅲ.①科技计划 – 计划管理 –
改革 – 研究 – 山西Ⅳ.① G322.725

中国版本图书馆 CIP 数据核字（2018）第 258453 号

山西省科技计划（专项、基金等）管理改革探索与实践

编　　著：李　巍
责任编辑：宁姝峰
装帧设计：赵　娜

出 版 者：山西出版传媒集团·山西经济出版社
地　　址：太原市建设南路 21 号
邮　　编：030012
电　　话：0351 – 4922133（市场部）
　　　　　0351 – 4922085（总编室）
E – mail：scb@ sxjjcb.com（市场部）
　　　　　zbs@ sxjjcb.com（总编室）
网　　址：www.sxjjcb.com

经 销 者：山西出版传媒集团·山西经济出版社
承 印 者：山西出版传媒集团·山西新华印业有限公司

开　　本：787mm×1092mm　　1/16
印　　张：17
字　　数：190 千字
版　　次：2018 年 11 月　第 1 版
印　　次：2018 年 11 月　第 1 次印刷
书　　号：ISBN 978-7-5577-0405-6
定　　价：56.00 元